高等院校“十三五”应用型人才重点建设规划教材

JISUANJI JICHU

SHIXUN ZHIDAO YU XITI

计算机基础
实训指导与习题

主 编 原 康

合肥工业大学出版社

前　　言

当今，熟练地使用计算机已经成为求职就业所需的一项基本技能。高职教育以培养技术应用型人才为根本任务，以适应社会的需求为目标，以培养应用能力为主线，构建学生的知识、能力和素质体系。“计算机基础”课程是高等职业教育的必修课，而且是大学生进入高校的第一门计算机类课程，它将为后续的计算机课程和专业课程打下必要的基础，也为学生毕业后的工作提供了通用的计算机技能。为了着重培养学生的计算机操作实际动手能力，我们编写了《计算机基础实训指导与习题》。

本书是《计算机基础》一书的配套实训指导书与练习册，全书分为上机实训指导和实训练习题两部分，其中上机实训指导包括键盘与输入法练习、Windows 7 操作系统的使用，Microsoft Office 2010 中的 Word，Excel，PowerPoint 的使用，IE 浏览器的使用以及电子邮件的收发和杀毒软件的使用等。实训练习题部分根据最新的计算机等级考试的大纲要求，收集了一定数量的练习题，并给出了参考答案。

本书由南昌影视传播职业学院原康主编。

由于时间仓促，加之编写水平有限，书中难免有错误、不当和疏漏之处，恳请各位专家、同仁和广大读者批评指正。

编　者

2018.8

目　　录

第一部分　上机实训

第二部分　实训练习题

第一部分　上机实训

实训一 认识计算机及键盘操作

一、实训目的

1. 了解计算机硬件系统的基本组成。

2. 了解微机的安装和启动过程。

3. 掌握计算机键盘、鼠标器的基本操作方法。

二、实训内容

1. 认识微型计算机(微机)的硬件构成,如图 1-1 所示。

图 1-1　微型计算机的外观

2. 开启计算机,启动 Windows 7 进入系统桌面。

(1)冷启动

冷启动是指机器尚未加电情况下的启动。一般情况下,计算机硬件设备中需要加电的设备有显示器和主机。正确的开机顺序是:先开外设,后开主机。

冷启动步骤如下:

第一步:检查电源是否接好;第二步:打开显示器、打印机、扫描仪等外部设备;第三步:按下主机箱面板上的电源开关,接通主机电源,这时机器就开始启动,系统首先对内存自动测试,屏幕左上角不停地显示已测试内存量,接着启动硬盘驱动器,机器自动显示提示信息,进入操作系统。

(2)热启动

所谓热启动是指计算机在已加电情况下的启动,通常是在机器运行中异常死机时使用。常用的操作方法有如下几种:

方式一:单击“开始”按钮,在弹出的“开始”菜单中选择“关闭计算机”命令,在弹出“关闭计算机”对话框中选择“重新启动”按钮，如图 1－2 所示。

图 1－2　Windows 7 的关机界面

方式二：关闭所有窗口后，按 Alt ＋ F4 组合键，将弹出“关闭计算机”对话框，选择“重新启动”按按钮。

方式三：在键盘上同时按下 Ctrl ＋ Alt ＋ Del3 个键。

方式四：按主机箱面板上的 Reset 键。

3. 退出 Windows 7 并关闭计算机。

退出操作系统并关机的正确顺序是：先关主机，再关外设。

具体操作步骤如下：

第一步：把任务栏中所有已经打开的任务全部关闭；

第二步：单击“开始”，打开“开始”菜单，选择其中的“关闭计算机”命令，在弹出的“关闭计算机”对话框中选择“关闭”按钮，如图 1－2 所示。

正常情况下，系统会自动切断主机电源。如出现异常，系统未能自动关闭的情况，此时可以选择强行关机，具体做法为：长按电源键 Power，持续 7 秒左右，强行关闭计算机。

第三步：关闭显示器等外设电源。

4. 掌握鼠标的基本操作。

鼠标是 Windows 环境下操作计算机的一个重要工具。鼠标按与计算机的连接形式可分为串口、PS/2 和 USB 口三类；按其按钮个数可分为两键鼠标和三键鼠标；按感应位移变化的方式可分为机械鼠标、光电鼠标和光电机械鼠标。如图 1－3 所示。

图 1－3　常见鼠标的外观

鼠标的基本操作包括以下 7 种：

(1)移动：正确地握住鼠标，在鼠标垫上或桌面上移动，屏幕上的鼠标指针将随着鼠标的移动而移动。

(2)单击左键：将鼠标固定到某个位置上，然后用食指按下鼠标左键后立即松开。

(3)单击右键：将鼠标固定到某个位置上，然后用中指按下鼠标右键后立即松开。

(4)左键拖动:将指针指向某个对象,用食指按住鼠标左键不放,然后移动到另一位置后,再松开鼠标按键。

(5)右键拖动:将指针指向某个对象,用中指按住鼠标右键不放,然后移动到另一位置后,再松开鼠标按键。

(6)双击左键:将鼠标固定到某个位置上,然后用食指连续快速按两下鼠标左键立即松开。

(7)滚动:对带有滚轮的鼠标而言,可以上下滚动滚轮。滚动操作常用于浏览窗口时实现翻页功能。

5. 熟悉键盘结构,熟记各键的位置及常用键、组合键的功能。

键盘是最常用也是最基本的输入设备,通过键盘可以向计算机输入各种操作的命令或程序,输入需处理的原始数据和进行文档的编辑等。

以 104 键的标准键盘为例,可将键盘分为五个区,分别是基本键区(主键盘区)、功能键区、编辑控制键区、数字小键盘区和一个状态指示灯区,如图 1-4 所示。

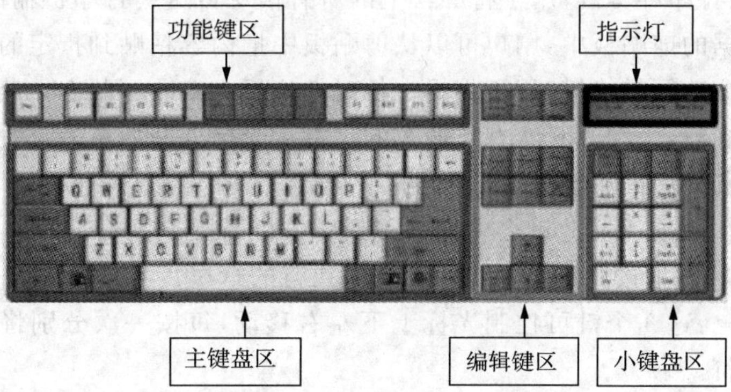

图 1-4 键盘功能分区图

(1)功能键区

功能键的作用是将一些常用的命令功能赋予某个功能键。它们的具体功能取决于不同的软件。一般 F1 键用于打开帮助信息。

(2)基本键区

该区是键盘操作的主要区域,包括所有的英文 26 个字母符、10 个数字符、空格、回车和一些特殊功能键。

特殊功能键如下:

Esc:取消或退出键,用于取消某一操作或退出当前状态。

Tab:制表键,用于将光标移至下一个制表位。

CapsLock:大写字母锁定键,是一个开关键,它只对英文字母起作用。当它锁定时,CapsLock 指示灯亮,此时单击字母键输入的是大写字母,在这种情况下不能输入中文。当它关上时,CapsIock 指示灯不亮,此时单击字母键输入的是小写字母。

Shift:上档键,在打字区的数字键和一些字符键都印有上下两个字符,直接按这些键是输入下面的字符。使用上档键是输入上档符号或进行大小写字母切换，它在基本键区左右各有一个，左手和右手都可按此键。例如要输入“!”，我们必须先用左手的小指按住 Shift 键，然后用右手的中指按数字键 1。若在 CapsIock 键未锁定时，要输入大写的 G，可用右手的小指按住 Shift 键，再用左手的食指按 G 键就输入大写字母 G。

Enter：回车键，用于结束一个命令或换行（回车键换行是表示一个文档段的结束）。

Backspace：退格键，每击一次，删除光标前的一个字符或选取的一块字符。

Crtl 和 Alt：控制键和转换键，它们在基本键区左右各有一个，不能单独使用，只有同其他键配合一起才起作用（如热启动所用组合键）。按下 Ctrl 或 Alt 键后，再按下其他键。Ctrl 键或 Alt 键的组合结果取决于使用的软件。

(3)编辑控制键区

编辑控制键区分为 3 部分，共 13 个键。最上面 3 个键称为控制键，中间 6 个键称为编辑键；下面 4 个键称为光标移位键。

常用键的功能如下：

PrintScreen：打印屏幕键，用于将屏幕上的所有信息传送到打印机输出，或者保存到内存中用于暂存数据的剪贴板中，用户可以从剪贴板中把内容粘贴到指定的文档中。

Insert：插入或改写转换键，用于编辑文档时切换插入或改写状态。若在插入状态下输入的字符插在光标前，而在改写状态下输入的字符从光标处开始覆盖。

Delete：删除键，用于删除光标所在处的字符。

Home：在编辑状态下按此键会将光标移到所在行的行首。

End：在编辑状态下按此键会将光标移到所在行的行尾。

↑、↓、←和→：这 4 个键可控制光标上下左右移动，每按一次分别将光标按箭头指示方向移动一个字符。

(4)状态指示灯区

NumIock：数字/编辑锁定状态的指示灯。

CapsLock：大写字母锁定状态指示灯。

(5)数字小键盘区

小键盘区共有 17 个键，主要是方便输入数据，其次还有编辑和光标移动控制功能。功能转换由小键盘上的 NumIock 键实现。当指示灯不亮时，小键盘的功能与编辑键区的编辑键功能相同；当指示灯亮时，小键盘实现输入数据的功能。四则运算符键和回车键与打字区相应的键功能相同。

6. 掌握正确的打字姿势和键盘指法要求。

(1)打字姿势

打字之前一定要端正坐姿。如果坐姿不正确，不但会影响打字速度的提高，而且还会很容易疲劳、出错。

正确的坐姿（如图 1-5 所示）应该是：

① 两脚平放，腰部挺直，两臂自然下垂，两肘贴于腋边。

② 身体可略倾斜，离键盘的距离约为 20～30 厘米。

③ 打字时教材或文稿放在键盘左边，或用专用夹夹在显示器旁边。

④ 打字时眼观文稿，身体不要跟者倾斜。

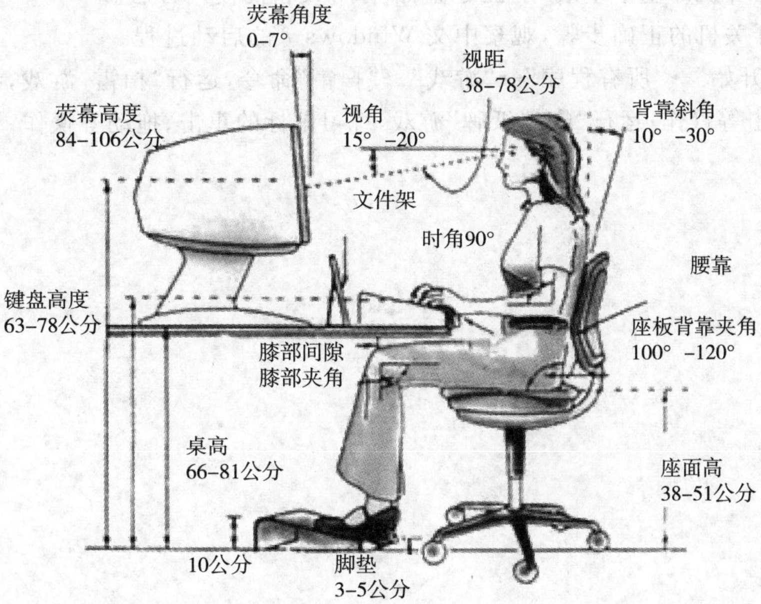

图 1－5　正确的打字姿势

(2)手指的基本操作

准备打字时，除拇指外其余的八个手指分别放在基本键上，拇指放在空格键上，十指分工，包键到指，分工明确。指法分工如图 1－6 所示。

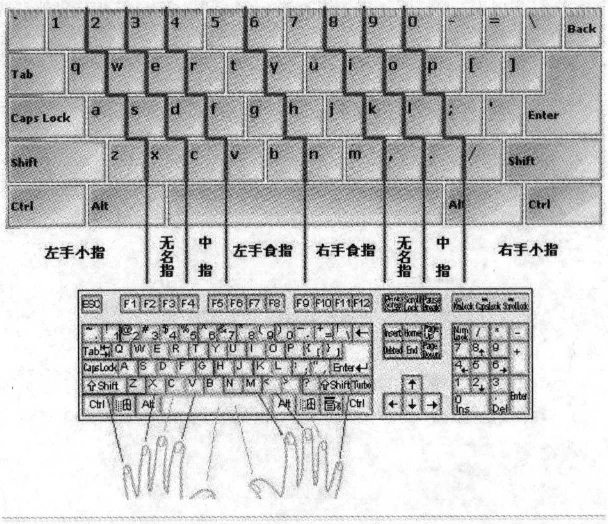

图 1－6　指法分工示意图

三、实训练习

1. 了解计算机的基本组成，掌握键盘、鼠标等设备的使用方法。

2. 掌握开关机的正确步骤，观察中文 Windows 7 的启动过程。

3. 通过"开始"→"所有程序"→"游戏"→"扫雷"命令，运行"扫雷"游戏，练习鼠标的单击、双击和右击等操作；运行"蜘蛛纸牌"游戏，练习鼠标的单击、拖动等操作。

实训二 Windows 7 基本操作

一、实训目的与要求

1. 掌握操作系统的启动和关闭方法。
2. 掌握资源管理器的启动及其窗口的组成。
3. 掌握对文件及文件夹的基本操作。
4. 掌握快捷方式的创建和使用方法。
5. 掌握利用 Windows 7 控制面板设置系统配置的方法。
6. 掌握屏幕抓图的方法。

二、实训内容

1. *启动资源管理器(两种方法,任选其一)*

方法 1:单击“开始”→“所有程序”→“附件”→“Windows 资源管理器”选项,启动资源管理器,如图 2-1 所示。

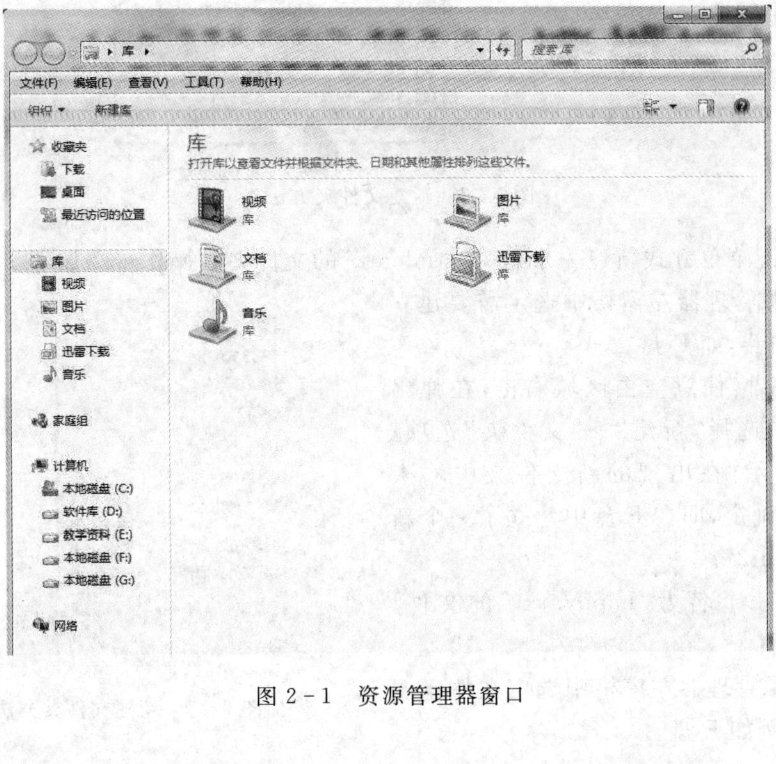

图 2-1 资源管理器窗口

方法 2：通过快捷菜单，选择“资源管理器”项目进入。

① 鼠标右击“开始”按钮。

② 在弹出的快捷菜单中选择“打开 WINDOWS 资源管理器”选项。

在 Windows7 中引入“库”的概念，与 xp 系统中的“我的文档”类似，分文档、图片、音乐、视频四个库，建议大家把重要的资料分类放入库中。库是一个虚拟文件夹，操作与普通的文件夹一样，是“我的文档”的进一步加强。

2. 新建文件和文件夹(新建文件与新建文件夹的方法类似)

(1)用资源管理器菜单的方式新建名为“student1”的文件夹。操作步骤如下：

① 在资源管理器左窗格中选定需要建立文件夹的驱动器。

② 单击“文件”→“新建”→“文件夹”选项(如图 2-2 所示)，在右窗格中出现的新文件夹中输入“student1”，然后按【Enter】键确定，则在磁盘中建立了一个“student1”新文件夹。

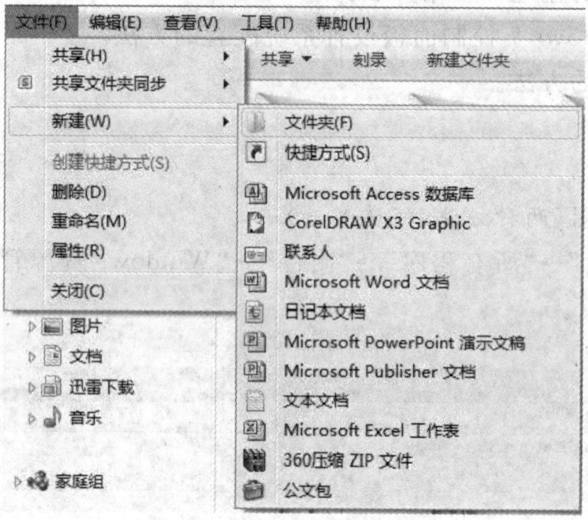

图 2-2　新建文件夹方法 1

(2)以右键菜单方式新建一个名为“student2”的文件夹。操作步骤如下：

① 在资源管理器左窗格中选定需要建立文件夹的驱动器，如 E 盘。

② 在右窗格任意空白区域右击，在弹出的快捷菜单中选择“新建”→“文件夹”选项，如图 2-3 所示，在出现的新文件夹中输入“student2”并确定，即在 E 盘中建立了一个新文件夹“student2”。

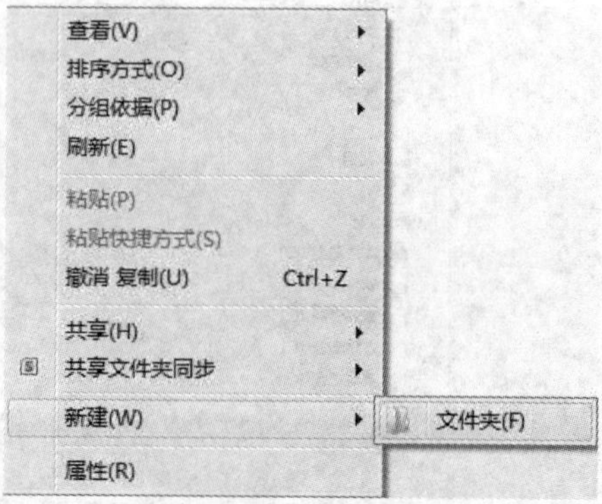

图 2-3　新建文件夹方法 2

(3)新建一个名为“happy. txt”的文件。操作步骤如下：

① 在资源管理器左窗格中选定文件建立所在的位置，例如 E 盘。

② 鼠标移到右窗格中并右击，在弹出的快捷菜单中选择“新建”→“文本文件”选项，在出现的新文件中输入“happy. txt”并确定，即在该位置建立了一个“happy. txt”新文件。

3. 删除文件和文件夹

删除名为“student1”的文件夹。操作步骤如下：

① 在右窗格中选定“student1”文件夹，然后选择下列三种方法之一将其删除：

方法 1：单击“文件”→“删除”选项。

方法 2：右击选定的文件夹，在快捷菜单中选择“删除”选项。

方法 3：直接按【Del】键（删除键）删除。

② 在出现的对话框中单击【是】按钮，可看到右窗格中的文件夹“student1”被删除。

删除的文件通常放到“回收站”中，必要时可以恢复。

4. 复制文件（文件夹）

复制文件（文件夹）是指在目的文件夹中创建出与源文件夹中被选定文件（文件夹）完全相同的文件（文件夹）。一次可复制一个或多个文件（文件夹）。

将 C:\WINDOWS\system32\command. com 文件和其后连续的四个文件复制到 E 盘。操作步骤如下：

① 选定文件 C:\WINDOWS\system32\command. com 和其后连续的四个文件。

② 右击鼠标，在快捷菜单中选择“复制”选项（此时文件会放到剪贴板）。

③ 选定需要复制文件的目标位置，右击鼠标，在快捷菜单中选择“粘贴”选项。

5. 改名文件（文件夹）

将 E 盘中“student2”的文件夹改名为“pupil2”。操作步骤如下（两种方法，任选其一）：

方法 1：在左/右窗格中选定“student2”文件夹，右击鼠标，在弹出的快捷菜单中选择“重命名”选项，然后输入新的文件夹名“pupil2”，按【Enter】键确定。

方法 2：在左/右窗格中选定“student2”文件夹，单击“文件”→“重命名”选项，输入新文件夹名“pupil2”，按【Enter】键确定。

6. 查找文件（文件夹）

我们经常碰到这样的情况：有时只知道文件的部分信息（条件），却又希望能够快速地找到该（类）文件，这时可以使用 Windows 提供的查找功能。

例如，找出 C:\WINDOWS 下所有的扩展名为“. exe”的文件。操作步骤如下：

打开如图 2 - 4 所示的查找窗口（下列方法，任选其一）。

方法 1：单击，弹出“资源管理器”对话框，如图 2 - 4 所示。选择搜索的驱动器，选择对应的文件夹 WINDOWS，在搜索栏中输入“ * . exe”，如图 2 - 5 所示，即可在对应文件夹中查找。

方法 2：刷新桌面，按功能键【F3】，弹出如图 2 - 6 窗口，输入对应内容。

7. 创建快捷方式

以在桌面上建立记事本程序（Notepad. exe）的快捷方式为例，介绍创建方法。

方法 1：右键单击桌面空白处，在弹出的快捷菜单中选择“新建”→“快捷方式”选项，得到如图 2 - 7 所示的“创建快捷方式”对话框；单击“浏览”按钮，弹出如图 2 - 8 所示的“浏览

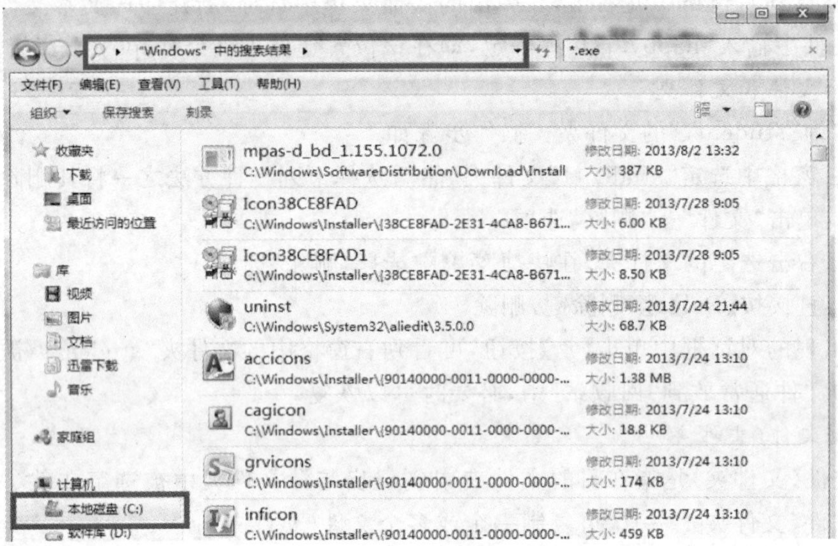

图 2-4　查找窗口 1

图 2-5　查找窗口 2

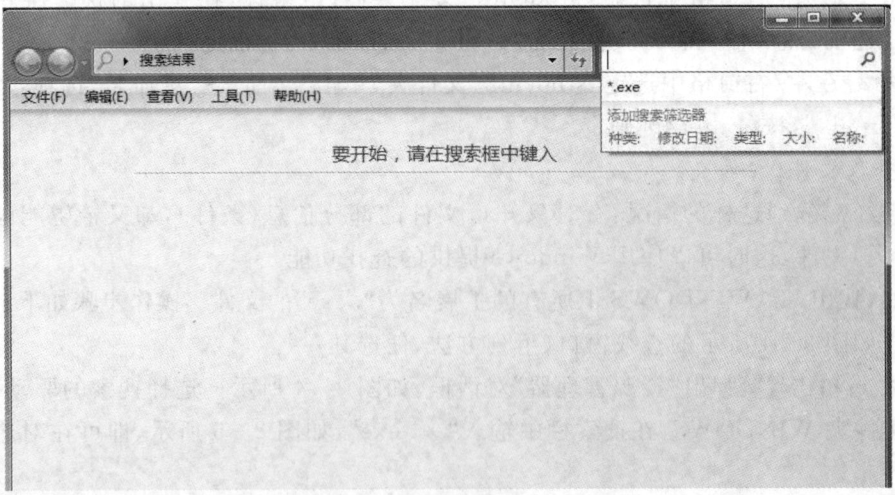

图 2-6　查找窗口 3

文件夹"对话框，找到记事本程序，例如 C:\WINDOWS\system32\notepad.exe；再按提示一步一步地操作即可。

方法 2：在资源管理器中找到 C:\WINDOWS\system32\notepad.exe，右键单击之，在

弹出的菜单中选择"发送到"→"桌面快捷键方式"选项即可,如图 2-9 所示。

方法 3:单击"开始"→"所有程序"→"附件"→"记事本"选项,然后右键单击该选项,在弹出的菜单中选择"发送到"→"桌面快捷键方式"选项即可。

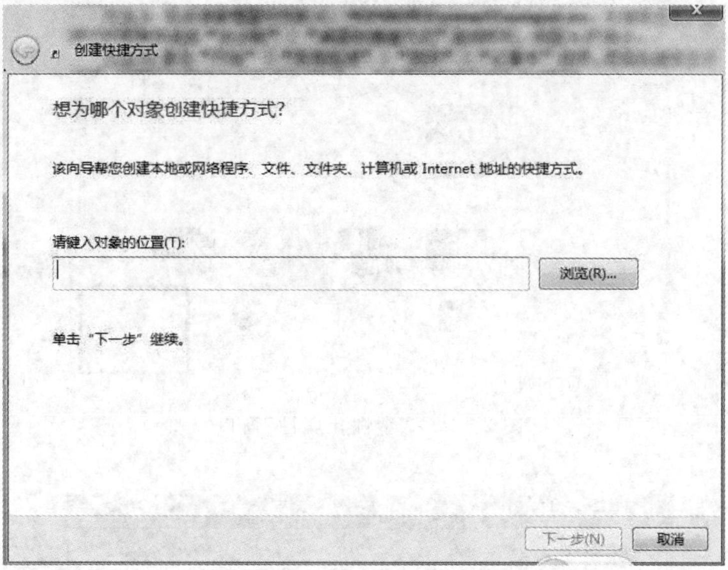

图 2-7 "创建快捷方式"对话框

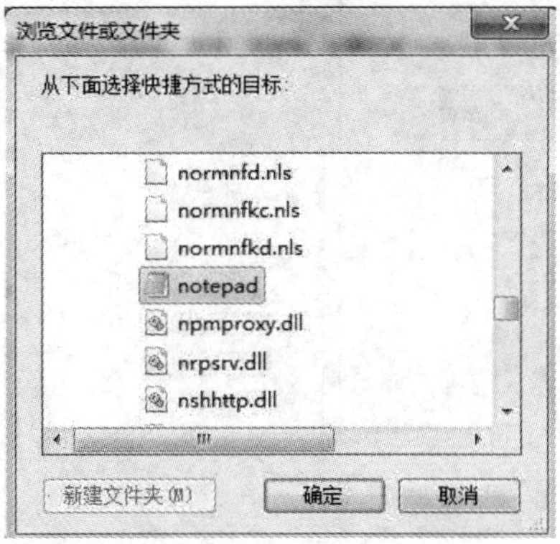

图 2-8 "浏览文件夹"对话框

图 2-9 将应用程序的快捷方式发送到桌面上

8. 屏幕保护程序的设置

(1)桌面单击右键,选择"个性化",弹出如图 2-10 所示的"个性化属性"窗口,选择"屏幕保护程序"选项卡,弹出如图 2-11 所示的"屏幕保护程序"选项卡。

(2)在“屏幕保护程序”的列表中选择“三维文字”,接着单击“设置”按钮,则出现如图 2-12所示的“三维文字设置”对话框。

图 2-10 “个性化属性”窗口

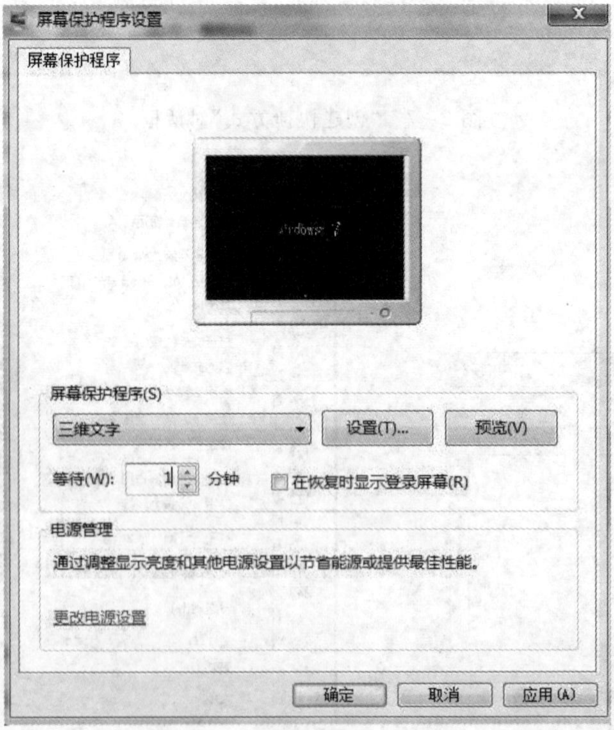

图 2-11 “屏幕保护程序”选项卡

(3)在图 2-12 的“文本”栏的“自定义文字”中输入“Windows 7”字样;并对“大小”、“旋转速度”、“表面样式”、“字体”等选项进行设置;最后单击“确定”按钮退出。

(4)如要设置密码,可在图 2-11 中选择“在恢复时显示登录屏幕”复选项。这样设置

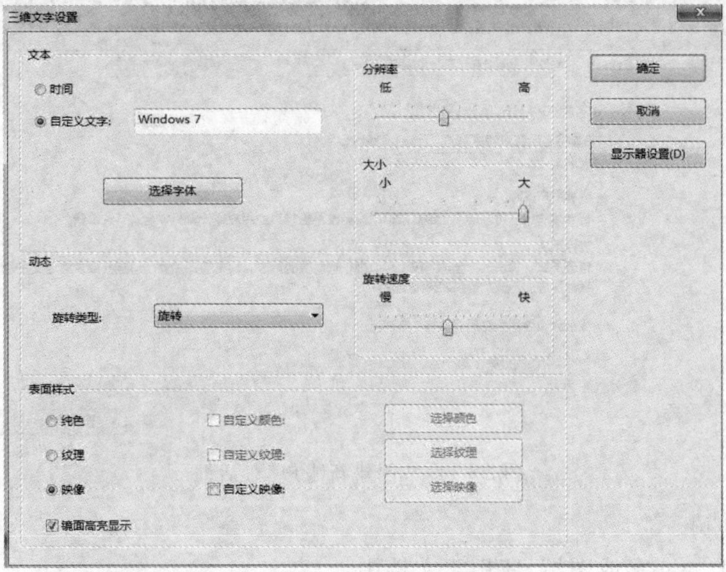

图 2-12　“三维文字设置”对话框

后，在从屏幕保护中恢复正常运行时用户必须使用 Windows 的启动密码，需要用户手动设置用户登录密码。

(5)在图 2-11 的“等待”框中，设置适当的屏幕保护程序启动等待时间(例如设定最少时间 1 分钟)。

(6)单击“确定”按钮关闭所有对话框，暂停计算机操作，等待 1 分钟后，观察计算机屏幕的变化。

9. 用户管理

建立新用户，并设置密码。操作步骤如下：

(1)单击“开始”→“控制面板”→“用户账户和家庭安全”→“用户账户”，单击“添加或删除用户账户”，得到如图 2-13 所示，弹出窗口单击“创建一个新账户”，如图 2-14 所示。

(2)在对话框中为新账户取一个名字，单击“下一步”按钮。

(3)在该对话框中选择“管理员”或“标准用户”；设置完成后单击“创建账户”按钮退出设置界面。

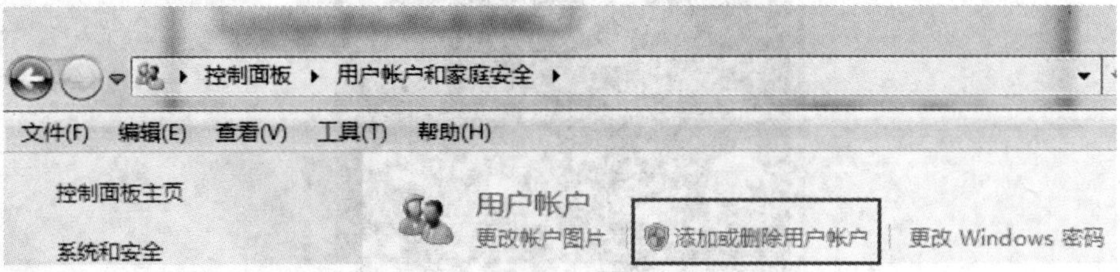

图 2-13　“用户账户”对话框

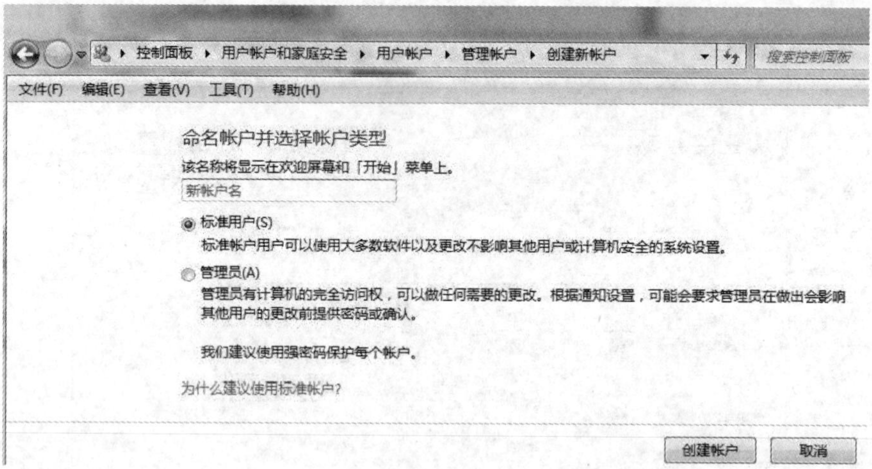

图 2-14 “创建新账户”对话框

10. 屏幕抓图

抓取屏幕上的图案或图标，应用于文档中。

(1)抓取桌面上的图标：显示桌面，在桌面上按【PrintScreen】键，弹出画图程序，或单击“开始”→“所有程序”→“附件”→“画图”选项，弹出画图程序；再单击“主页”→“剪切板”→“粘贴”选项，则整个屏幕被导入图面。如图 2-15 所示。

(2)抓取屏幕保护图案：例如欲将常见的如图 2-16 所示的“彩带”屏幕保护图案抓取下来做成文件保存。具体方法如下：

① 右键单击桌面，“个性化”中选择“屏幕保护程序”，打开对话框后，选择“彩带”，再单击“预览”查看，最后单击“确定”。

② 当屏幕上出现彩带图案时，按【PrintScreen】键，弹出“画图”程序；在该程序中单击“剪切板”→“粘贴”选项，将刚刚抓取的图案导入窗口。

③ 将该图案以“.jpg”格式做成一个图形文件保存。

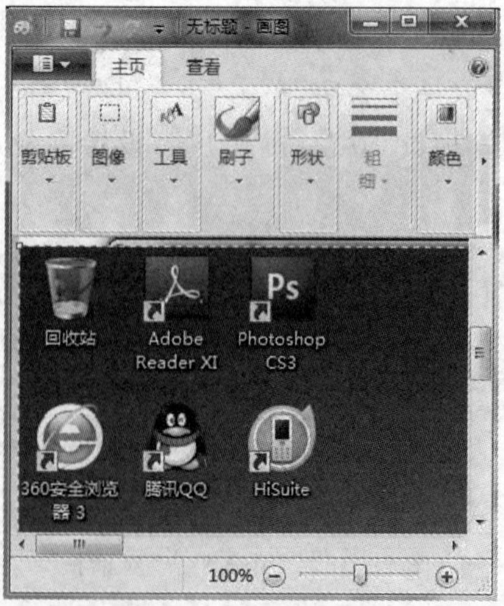

图 2-15 整个桌面已粘贴的“画图”窗口

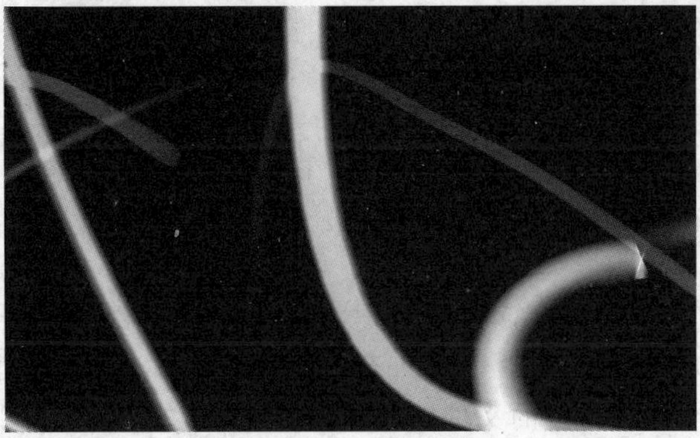

图 2-16　“彩带”屏保

(3)抓取活动窗口:按【Alt+PrintScreen】组合键就可以抓取当前活动窗口。

所谓活动窗口是指屏幕上同时出现多个窗口时,只有一个是正在操作的窗口,而正在操作的窗口就是活动窗口。例如,如果桌面上有两个或更多的窗口,那么用户正在操作的窗口就是活动窗口,而且正在操作的窗口的标题是蓝色的,而其他非活动窗口的标题是灰色的。

假设用户正在玩“纸牌”游戏时,如果按下【Alt+PrintScreen】组合键,则可抓下游戏窗口,如图 2-17 所示;粘贴到“画图”窗口后,可以将扑克牌一张一张地取下来。

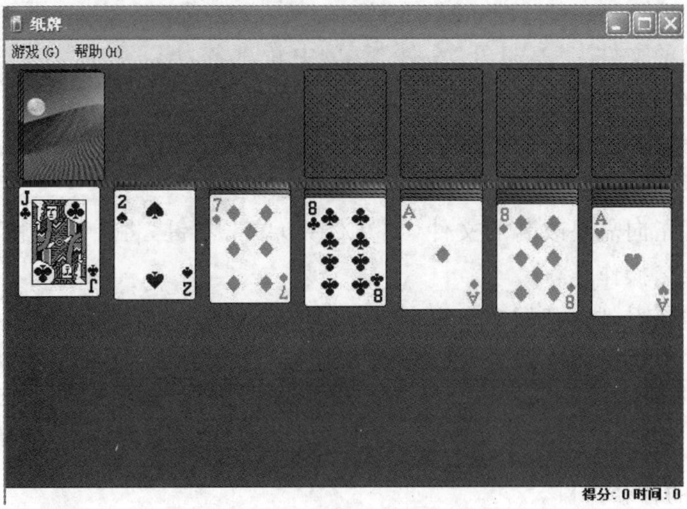

图 2-17　“纸牌”活动窗口

三、实训练习

练习一:

1. 实训目的

(1)掌握文件夹(树)的建立方法。

(2)掌握文件(或文件夹)的单选、连续多选、不连续多选方法。

(3)掌握文件(或文件夹)的移动、复制与改名方法。

2. 实训任务

(1)利用计算机建立某班级的文件夹树,并在文件夹中建立相应的文件。

(2)利用计算机在建立的文件夹树中进行选定、复制、移动、重命名等操作。

3. 实训步骤

(1)进入"资源管理器"或"计算机",建立文件夹,以自己姓名来命名文件夹。

(2)为了方便管理,请每个同学建立自己的文件夹树,如李丽同学建一名为"李丽"的文件夹,王梅同学建一名为"王梅"的文件夹,同时在自己的文件夹下分别建立 Word、Excel、Powerpoint 子文件夹,建成的文件夹树如下图所示。

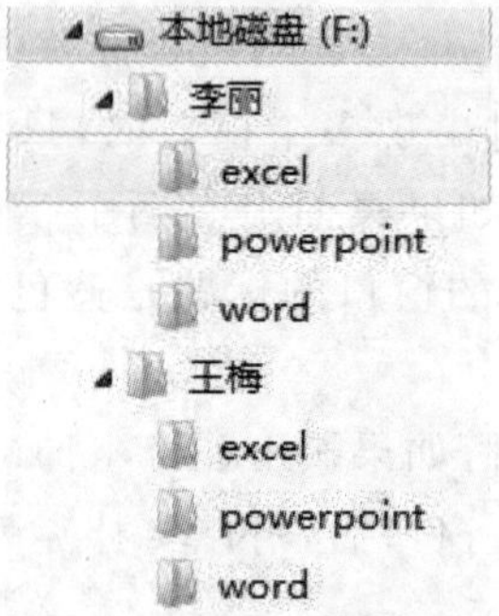

(3)进入自己的文件夹中,打开"文件"菜单中新建名为 LX1 的空文本文件,名为 LX2 的空图像文件和名为 LX3 的空声音文件。

(4)用 Shift 键配合练习文件(或文件夹)的连续多选。

(5)用 Ctrl 键配合练习文件(或文件夹)的不连续多选。

(6)鼠标指针指向需要改名的文件(或文件夹)单击右键,将弹出一快捷菜单,选择"重命名"命令完成改名操作。

(7)为了能清楚看到打开的多个窗口,将文件(或文件夹)准确移动或复制到目标位置,在"工具"菜单中选择"文件夹选项"选项,在对话框中的"常规"选项卡中选中"在不同的窗口中打开不同的文件夹"复选框。

(8)鼠标指针指向任务栏,单击右键弹出一快捷菜单,选择"横向平铺"选项将会在屏幕上看到同时打开的各个窗口。

(9)选择要复制(或移动)的文件(或文件夹),用拖拽的方法完成移动(同驱动器时),用 Ctrl 键配合,拖拽后将完成复制。在"查看"菜单中选择"选项"选项,在"选项"对话框的"文件夹"选项卡中选中"对每个文件夹均使用不同的窗口进行浏览"复选框。

练习二:

1. 实训目的

(1)熟悉 Windows 附件中"写字板"程序的编辑排版。

(2)熟悉 Windows 附件中“画图”程序的使用。

2. 实训任务

(1)利用“写字板”进行编辑排版,并保存。

(2)利用“画图”绘制一幅画,并保存。

3. 实训步骤

(1)在“计算机”中选择一个盘符(如 D 盘等)建一个以自己姓名命名的文件夹。

(2)启动 Windows 7 操作系统中的“写字板”程序,在顶行开始输入如下文字:

计算机网络

目前人们得到知识不仅是依靠书本、老师、同事和社会实践,还可以依靠计算机网络。人们通过上网可以快速得到许多平时学不到、看不到的知识。

(3)把“计算机网络”设为标题并居中,正文首行缩进两个汉字,并以文件名 FILE1 保存到上面所建的文件夹中。

(4)调用“画图”程序,任意画一幅图,并以文件名 FILE2 保存到上面所建的文件夹中。

(5)在上面文件夹中建一个名为 MYFILE 的文件夹,并把文件 FILE1 和 FILE2 移到该文件夹中。

(6)将 FILE2 文件夹用快捷方式拉到桌面上,并把文件名改为自己的学号。

实训三 Word 2010 基础应用

一、实训目的与要求

1. 熟悉 Word 2010 的启动和退出；熟悉 Word 2010 窗口界面的组成；熟悉文档的建立、打开及保存。

2. 掌握文档的基本编辑：文字录入、选定、复制、移动及删除；掌握文档编辑过程中的快速编辑操作——查找及替换。

3. 了解 Word 2010 文字处理系统中文档的五种视图方式。

4. 掌握字符的格式化和段落的格式化。

5. 掌握项目符号和编号的使用，掌握文档的分栏操作和文档的页面设置。

6. 掌握图片的插入和编辑，自绘图形及其格式化，文本框的使用。

7. 了解艺术字的使用和公式编辑器的使用。

8. 掌握表格的建立方法，表格的编辑要点，对表格进行格式化与对表格单元格进行计算和排序的方法，由表格生成图表的方法。

二、实训内容

1. 文档的录入与编辑

● 实训内容

(1)在 D 盘下新建一个文件夹，命名为“student”，然后再建一文档，并命名为“Wd1. Doc”。

(2)打开“Wd1. Doc”文件，输入如下“样张 3－1”的内容，要求全部使用一种中文输入法、中文标点及中文半角。

(3)在“Wd1. Doc”文档内容最前面一行插入标题“中国国家馆概况”。

(4)在“Wd1. Doc”文档中，查找文字“未来城市发展之路”，从此句之后开始，另起一段。

(5)将现在的第四段“而在地区馆中……”与上一段合并为第三个段落。

(6)将文档中最后一次出现的“国家馆”文字用“中国国家馆”文字替换。

(7)将全文用“字数统计”功能统计该文总字符数(计空格)。

(8)以不同显示模式显示文档。

(9)将文档中所有的“国家馆”文字改变为红色并加着重号。

(10)将文档中所有的阿拉伯数字修改为：绿色且倾斜加粗。

(11)将操作结果进行保存，并关闭文档窗口。

样张 3-1：

展馆建筑外观以“东方之冠，鼎盛中华，天下粮仓，富庶百姓”的构思主题，表达中国文化的精神与气质。展馆的展示以“寻觅”为主线，带领参观者行走在“东方足迹”、“寻觅之旅”、“低碳行动”三个展区，在“寻觅”中发现并感悟城市发展中的中华智慧。展馆从当代切入，回顾中国三十多年来城市化的进程，凸显三十多年来中国城市化的规模和成就，回溯、探寻中国城市的底蕴和传统。随后，一条绵延的“智慧之旅”引导参观者走向未来，感悟立足于中华价值观和发展观的未来城市发展之路。国家馆居中升起、层叠出挑，采用极富中国建筑文化元素的红色“斗冠”造型，建筑面积 46457 平方米，高 69 米，由地下一层、地上六层组成；地区馆高 13 米，由地下一层、地上一层组成，外墙表面覆以“叠篆文字”，呈水平展开之势，形成建筑物稳定的基座，构造城市公共活动空间。

观众首先将乘电梯到达国家馆屋顶，即酷似九宫格的观景平台，将浦江两岸美景尽收眼底。然后，观众可以自上而下，通过环形步道参观 49 米、41 米、33 米三层展区。

而在地区馆中，观众在参观完地区馆内部 31 个省、市、自治区的展厅后，可以登上屋顶平台，欣赏屋顶花园。游览完地区馆以后，观众不需要再下楼，可以从与屋顶花园相连的高架步道离开中国国家馆。

● 实训指导

(1)双击打开“计算机”→D 盘，在 D 盘下新建一个文件夹，并命名为“student”，然后双击打开“student”文件夹，在“student”文件夹窗口内右击，在快捷菜单中选择“新建”→“Microsoft Word 文档”选项，并重命名为“Wd1. Doc”。

(2)双击打开“Wd1. Doc”文档，用鼠标在任务栏中选择用户熟悉的中文输入法，然后输入“样张 3-1”的内容。

(3)将光标移到“Wd1. Doc”文档的起始位置处按回车键，在新插入的一行中输入标题“中国国家馆概况”。

(4)单击“开始”→“编辑”→“查找”选项，弹出“查找和替换”对话框之一，如图 3-1 所示。在“查找”选项卡中将光标定位到“查找内容”文本框，输入文字“未来城市发展之路”，单击“查找下一处”按钮，关闭此对话框，将光标移动到“未来城市发展之路”后面，再按回车键，完成另起一段的要求。

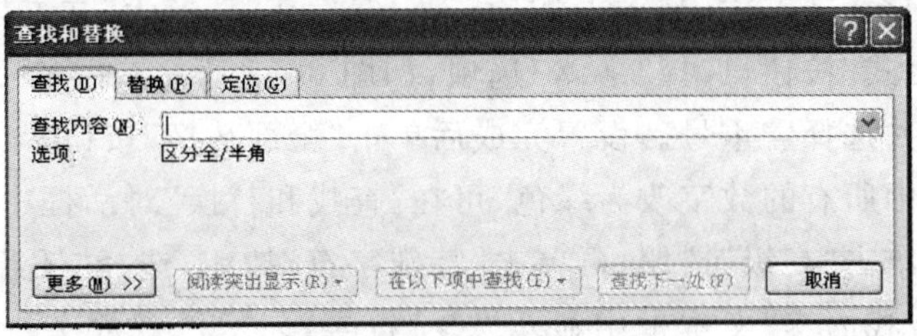

图 3-1　“查找和替换”对话框之一

(5)将光标移到“三层展区。”的尾部，按下【Delete】键后即可与下一段合并。

(6)将光标定位到文档末尾(用组合键【Ctrl+End】),打开“查找和替换”对话框之二,如图 3-2 所示。选择“查找”选项卡,在“查找内容”和“替换为”文本框中分别输入“国家馆”和“中国国家馆”,在“更多”查找选项中设置“搜索”为“向上”,然后单击“查找下一处”按钮,单击“替换”按钮即可(注意仅替换一处,不可单击“全部替换”按钮)。

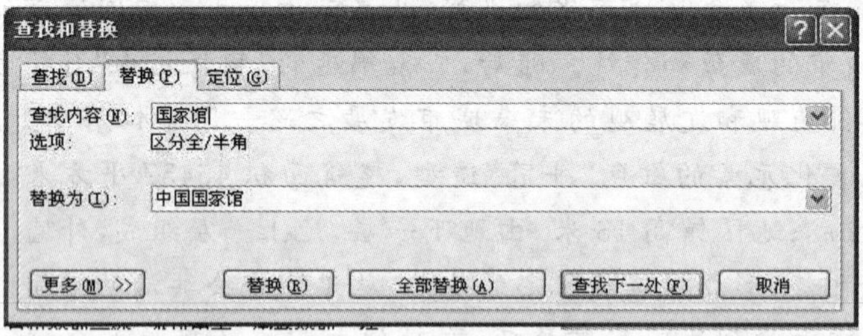

图 3-2 “查找和替换”对话框之二

(7)将光标移到文本任意处,单击“审阅”→“校对”→“字数统计”选项,弹出“字数统计”对话框,如图 3-3 所示,即可显示本文的总字数。

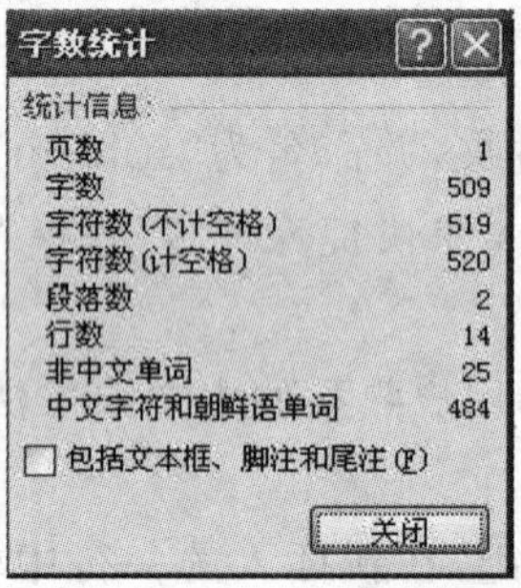

图 3-3 “字数统计”对话框

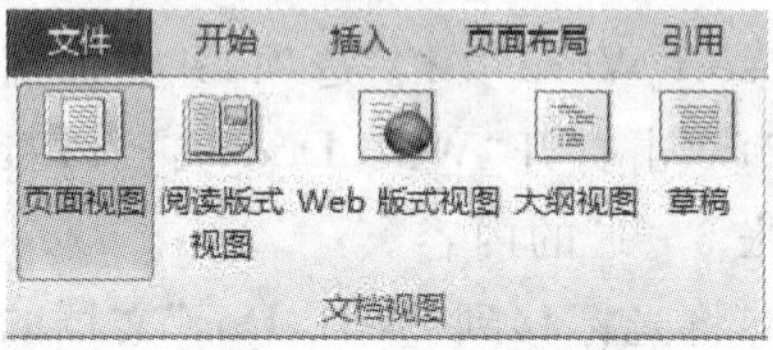

图 3-4 视图方式切换按钮

(8)分别单击视图菜单上的不同文档视图方式,如图 3-4 所示,观察不同视图方式下的文档效果。

(9)要将文档中所有的“国家馆”改为红色并加着重号,可在“查找和替换”对话框中,将光标定位在“查找内容”文本框中,输入“国家馆”,然后在“替换为”文本框中单击一次鼠标。再单击“更多”→“格式”按钮,选择“字体”选项,如图 3-5 所示,在“查找字体”对话框中选择字体颜色为红色并选择着重号。设置完成后单击“全部替换”按钮。

(10)要将文档中所有的数字改为绿色,可在“查找和替换”对话框中,将光标定位在“查找内容”文本框中,单击“高级”按钮,再单击“特殊字符”按钮,选择“任意数字”选项,如图 3-6 所示,这时在“查找内容”文本框中显示“^#”符号,表示任意数字。然后将光标定位在“替换为”文本框中,单击“格式”按钮后选择“字体”选项,设置字体颜色为绿色,字形为“加粗 倾斜”,单击“确定”按钮。

(11)单击“文件”→“保存”选项,即可保存操作结果;单击“文件”→“退出”选项,则关闭

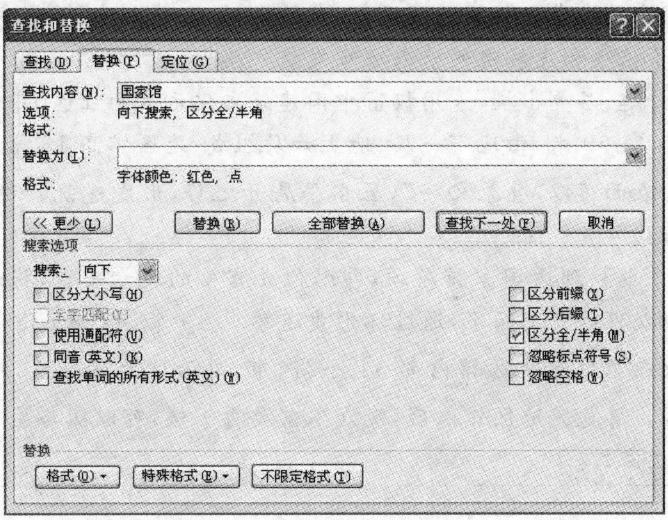

图 3－5　字体颜色设置

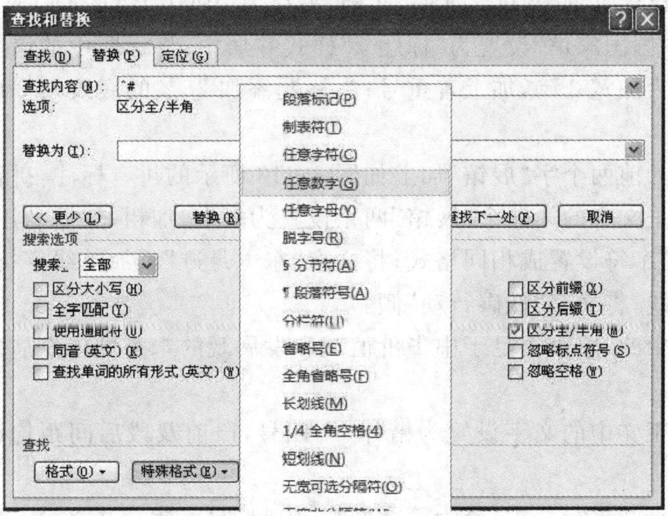

图 3－6　“特殊字符”按钮

该文档窗口。

样张 3－1 的最后操作效果如下：

中国国家馆

展馆建筑外观以“东方之冠，鼎盛中华，天下粮仓，富庶百姓”的构思主题，表达中国文化的精神与气质。展馆的展示以“寻觅”为主线，带领参观者行走在“东方足迹”、“寻觅之旅”、“低碳行动”三个展区，在“寻觅”中发现并感悟城市发展中的中华智慧。展馆从当代切入，回顾中国三十多年来城市化的进程，凸显三十多年来中国城市化的规模和成就，回溯、探寻中国城市的底蕴和传统。随后，一条绵延的“智慧之旅”引导参观者走向未来，感悟立足于中华价值观和发展观的未来城市发展之路。

国家馆居中升起、层叠出挑，采用极富中国建筑文化元素的红色“斗冠”造型，建筑面积46457平方米，高69米，由地下一层、地上六层组成；地区馆高13米，由地下一层、地上一层组成，外墙表面覆以“叠篆文字”，呈水平展开之势，形成建筑物稳定的基座，构造城市公共活动空间。

观众首先将乘电梯到达国家馆屋顶，即酷似九宫格的观景平台，将浦江两岸美景尽收眼底。然后，观众可以自上而下，通过环形步道参观49米、41米、33米三层展区。而在地区馆中，观众在参观完地区馆内部31个省、市、自治区的展厅后，可以登上屋顶平台，欣赏屋顶花园。游览完地区馆以后，观众不需要再下楼，可以从与屋顶花园相连的高架步道离开中国国家馆。

2. 文本的格式化

● 实训内容

(1)打开前面已建立的“WD1. DOC”文档，另存为“WD1_BAK. DOC”。

(2)将标题“中国国家馆”设置为“标题1”样式并居中；将标题中的汉字设置为三号、蓝色，文字字符间距为加宽3磅，加上着重号；为标题添加25%的底纹及3磅的边框，边框的颜色为红色。

(3)将第一段的前两个字“展馆”加上如图3-13所示的拼音标注，拼音为10磅大小。

(4)将第一段正文中的第一个“展馆”两字设置为隶书、加粗，然后利用“格式刷”将本段中的第二个“展馆”字符设置成相同格式；将文字“东方足迹”添加单线字符边框；将文字“寻觅之旅”加单下划线；将文字“低碳行动”倾斜。

(5)将第一段中的“感悟立足于中华价值观和发展观的未来城市发展之路”文字转换为繁体中文。

(6)将第二段正文中的文字设置为楷体、小四号，段前及段后间距均设置为0.5行，首行缩进2个字符。

(7)将第二段正文进行分栏，分为等宽两栏，中间加分隔线，并将第3段首字下沉，下沉行数为2个字符。

● 实训指导

(1)双击打开“计算机”→“D盘”→“student”文件夹→“WD1. DOC”文件，即可打开“WD1. DOC”文档窗口，单击“文件另存为”选项，弹出“另存为”对话框，在“文件名”文本框后填入“WD1_BAK. DOC”，单击“保存”按钮即可。

(2)选中标题，单击格式工具栏的“开始”→“样式”按钮，弹出“样式”对话框，如图3-7所示。在列表中选“标题1”，在格式工具栏中单击“居中”按钮，标题则居中显示；选择“格式”菜单的“字体”选项，在打开的“字体”对话框中按实训内容要求进行设置；单击“页面布局”→“页面背景”→“页面边框”选项，弹出“边框和底纹”对话框，如图3-8所示。在“边框”选项卡中，线型设置为默认线型，线型宽度设置为3磅，颜色选择红色，在“应用于”下拉框中选择“文字”,然后设置其他选项。

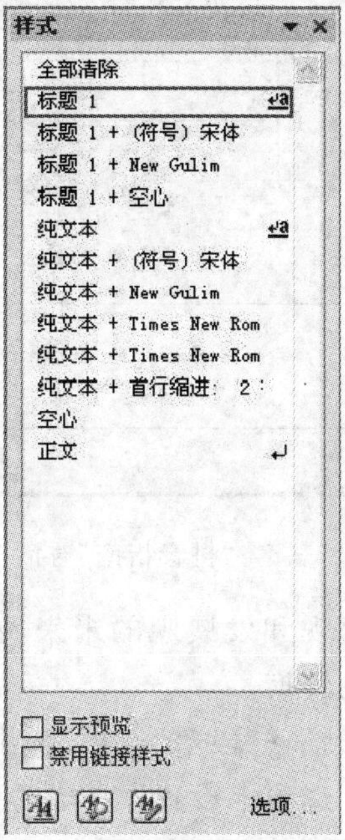

图 3-7　“样式和格式”对话框

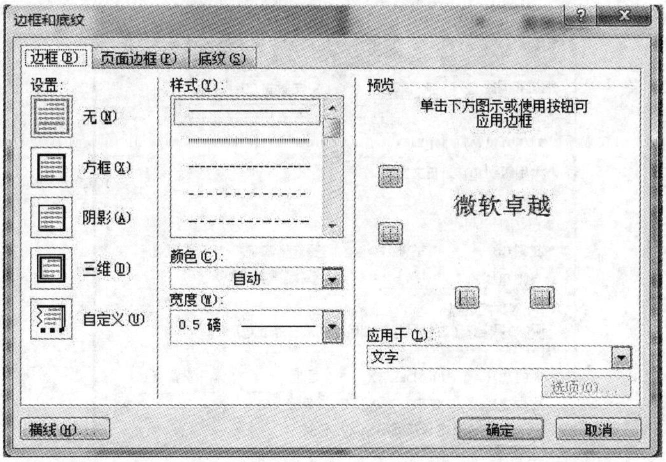

图 3-8　“边框和底纹”对话框

(3)选中第一段的第一个“展馆”二字,单击“开始”→“字体”选项,单击“变”,弹出“拼音指南”对话框,如图 3-9 所示,在此对话框中设置相关选项即可。

(4)选中第一段中的第二个“展馆”二字,单击“字体”下拉列表,在下拉列表中选“楷体_GB2312”;并在“开始”→“剪贴板”中单击“格式刷”,然后再将鼠标移到第三个“展馆”上,用格式刷完成设置(注意:单击“格式刷”每次只能刷一个对象,双击“格式刷”可以连续刷)。

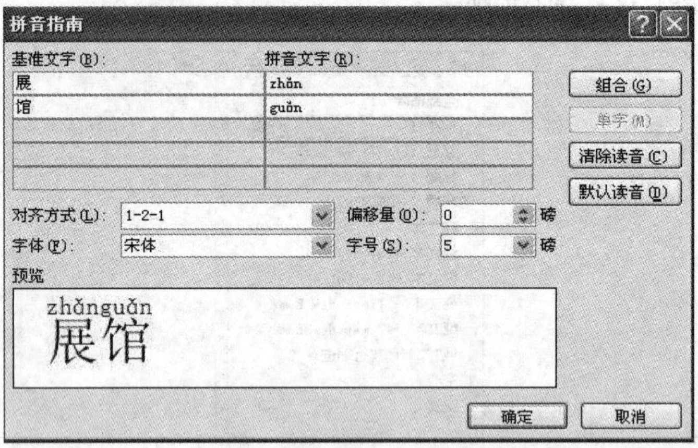

图 3－9 “拼音指南”对话框

(5)选中“感悟立足于中华价值观和发展观的未来城市发展之路”，单击“审阅”工具栏的“中文简繁转换”按钮进行相应的转换。

(6)选中第三段，然后单击“开始”→“段落”选项，弹出“段落”对话框，如图 3－10 所示。利用“段落”对话框的“缩进和间距”选项卡设置段前、段后间距，文字设置方法同前。

(7)选中第三段，单击“页面布局”→“页面设置”→“分栏”选项，弹出“分栏”对话框，如图 3－11 所示。在“分栏”对话框中设置相关选项即可。单击“插入”→“文本”→“首字下沉”选项，弹出“首字下沉”对话框，如图 3－12 所示，在此对话框中设置即可。

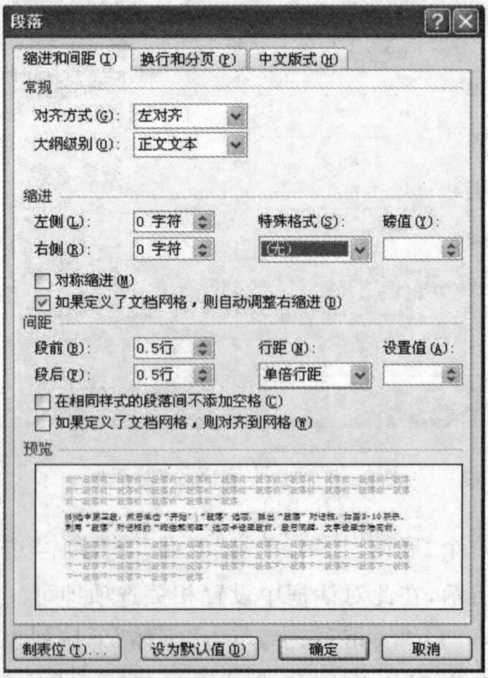

图 3－10 “段落”对话框

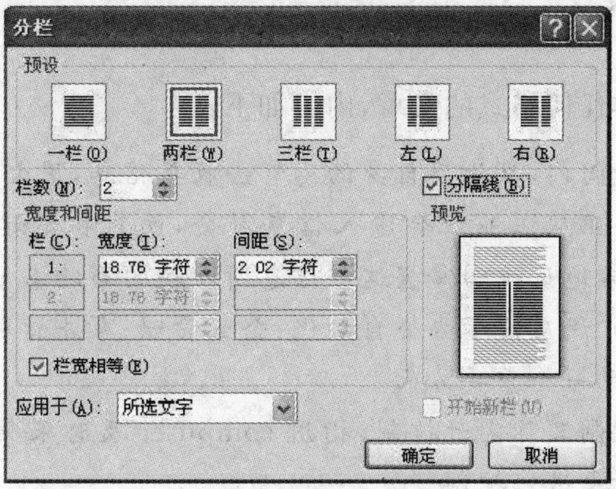

图 3-11 “分栏”对话框

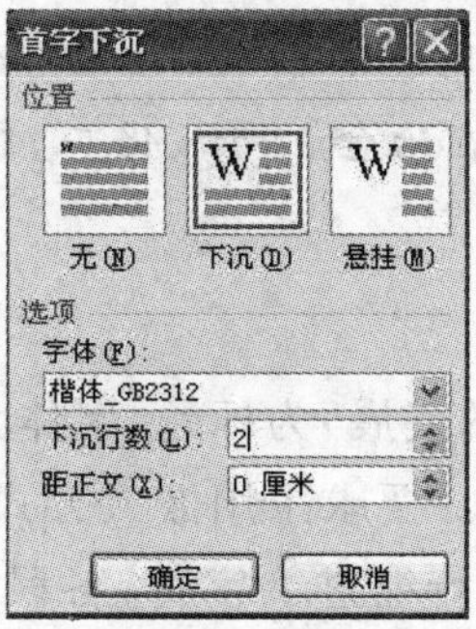

图 3-12 “首字下沉”对话框

样张 3-1 再次操作后的效果如图 3-13 所示。

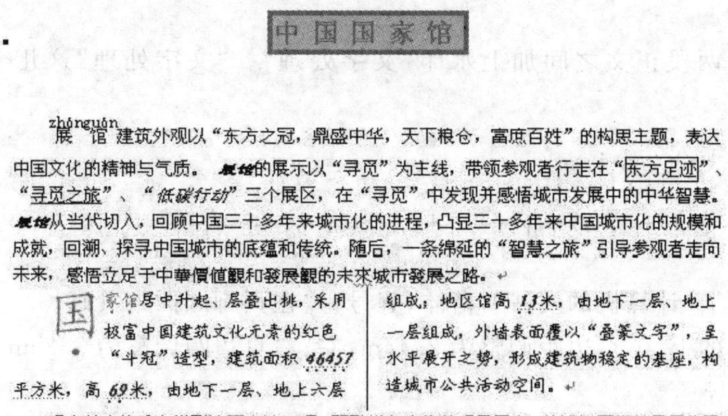
中国国家馆

zhǎnguǎn 展馆建筑外观以“东方之冠，鼎盛中华，天下粮仓，富庶百姓”的构思主题，表达中国文化的精神与气质。展馆的展示以“寻觅”为主线，带领参观者行走在“东方足迹”、“寻觅之旅”、“低碳行动”三个展区，在“寻觅”中发现并感悟城市发展中的中华智慧。展馆从当代切入，回顾中国三十多年来城市化的进程，凸显三十多年来中国城市化的规模和成就，回溯、探寻中国城市的底蕴和传统。随后，一条绵延的“智慧之旅”引导参观者走向未来，感悟立足于中華價值觀和發展觀的未來城市發展之路。

国家馆居中升起、层叠出挑，采用极富中国建筑文化元素的红色“斗冠”造型，建筑面积 46457 平方米，高 69 米，由地下一层、地上六层组成；地区馆高 13 米，由地下一层、地上一层组成，外墙表面覆以“叠篆文字”，呈水平展开之势，形成建筑物稳定的基座，构造城市公共活动空间。

观众首先将乘电梯到达国家馆屋顶，即酷似九宫格的观景平台，将浦江两岸美景尽收眼底。然后，观众可以自上而下，通过环形步道参观 49 米、41 米、33 米三层展区。而在地区馆中，观众在参观完地区馆内部 31 个省、市、自治区的展厅后，可以登上屋顶平台，欣赏屋顶花园。游览完地区馆以后，观众不需要再下楼，可以从与屋顶花园相连的高架步道离开中国国家馆。

图 3-13 样张 3-1 再次操作后的效果

3. 图形及页面排版

● 实训内容

下面有一篇未编排任何格式的文章，内容如下：

人类在很长一段时间内，只能用自身的感官去收集信息，用大脑存储和加工信息，用语言交流信息。当今社会正从工业社会进入信息社会，面对积聚起来的浩如烟海的各种信息，为了全面、深入、精确地认识和掌握这些信息所反映的事物本质，必须用 computer 进行处理。目前，数据处理广泛应用于办公自动化、企业管理、事务管理、情报检索等，数据处理已成为 computer 应用的一个重要方面。

过程控制。过程控制又称实时控制，指用 computer 及时采集数据，将数据处理后，按最佳值迅速地对控制对象进行控制。

现代工业，由于生产规模不断扩大，技术、工艺日趋复杂，从而对实现生产过程自动化控制系统的要求也日益增高。利用 computer 进行过程控制，不仅可以大大提高控制的自动化水平，而且可以提高控制的及时性和准确性，从而改善劳动条件、提高质量、节约能源、降低成本。computer 过程控制已在冶金、石油、化工、纺织、水电、机械、航天等部门得到广泛的应用。

请按下列要求完成排版操作：

(1)以艺术字“文字处理软件的发展”为标题，字体为隶书、24 磅、式样可任选一种。

(2)在标题前插入一幅剪贴画。要求采用嵌入方式插入，高度、宽度均缩小至 40%。

(3)将第二、三、四段正文的首行缩进 2 字符，各段之间空一行，然后插入一幅剪贴画，高度、宽度均缩小至 50%，环绕方式选择“紧密型”选项，并拖放到文中靠右的位置。

(4)插入一个横排文本框，内容要有一幅剪贴画和文字。其中文字设置为黑体、小四号红色；剪贴画高度、宽度均缩小至 50%，并设置蓝色外边框。文本框环绕方式设为“紧密型”。

(5)在最后两段正文之间加上水印“文字处理”。“文字处理”这几个字设置为隶书、72 磅。

(6)在文末输入公式：

$$P(a \leqslant x \leqslant b)=\int_a^b f(x)\mathrm{d}x, e^x=1+x+\frac{x^2}{2!}+\frac{x^3}{3!}+\cdots+\frac{x^n}{n!}$$

(7)输入页眉“计算机的发展”，楷体、五号，并在页脚区插入页码。

(8)将文档的上、下页边距调整为 2.4cm，左、右页边距调整为 3.2cm。

● 实训指导

(1)将光标定位在文件首，单击“插入”→“文本”→“艺术字”命令，在弹出的“艺术字库”对话框中任选一种式样，单击“确定”按钮，在弹出的“编辑艺术字文字”对话框中的“字体”下拉列表中选择“隶书”选项，在“字号”下拉列表中选择“24 磅”，在“文字”文本框中输入“文字处理软件的发展”，单击“确定”按钮。选中艺术字，单击“艺术字”工具栏中的“设置艺术字格式”按钮，在弹出的“设置艺术字格式”对话框中设置艺术字的颜色为红色，单击“确定”按钮，如图 3－14 所示。

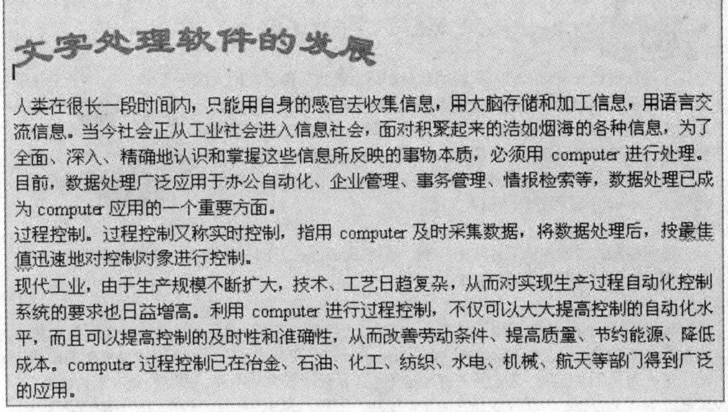
文字处理软件的发展

人类在很长一段时间内，只能用自身的感官去收集信息，用大脑存储和加工信息，用语言交流信息。当今社会正从工业社会进入信息社会，面对积聚起来的浩如烟海的各种信息，为了全面、深入、精确地认识和掌握这些信息所反映的事物本质，必须用 computer 进行处理。目前，数据处理广泛应用于办公自动化、企业管理、事务管理、情报检索等，数据处理已成为 computer 应用的一个重要方面。

过程控制。过程控制又称实时控制，指用 computer 及时采集数据，将数据处理后，按最佳值迅速地对控制对象进行控制。

现代工业，由于生产规模不断扩大，技术、工艺日趋复杂，从而对实现生产过程自动化控制系统的要求也日益增高。利用 computer 进行过程控制，不仅可以大大提高控制的自动化水平，而且可以提高控制的及时性和准确性，从而改善劳动条件、提高质量、节约能源、降低成本。computer 过程控制已在冶金、石油、化工、纺织、水电、机械、航天等部门得到广泛的应用。

图 3－14 插入艺术字

(2)将光标定位在艺术字前面，单击“插入”→“插图”→“剪贴画”命令，在弹出的“插入剪贴画”对话框中任选一幅剪贴画。选中该剪贴画，在“图片”工具栏中单击“设置对象格式”按钮，在弹出的“设置对象格式”对话框中设置“大小”选项卡下的缩放高度和宽度均设为 40%，再将“版式”选项卡下的环绕方式设为嵌入式，单击“确定”按钮，如图 3－15 所示。

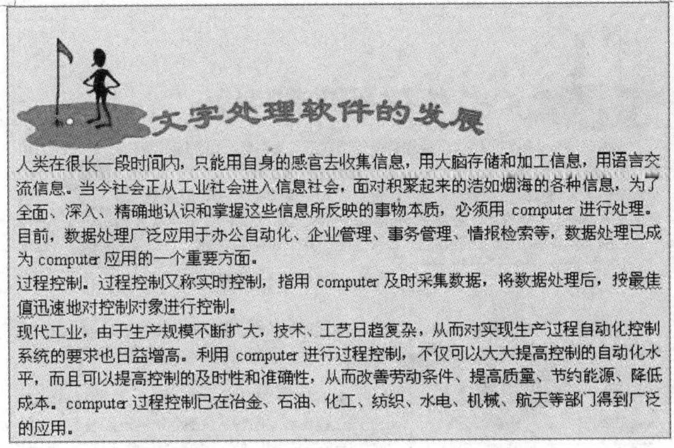
文字处理软件的发展

人类在很长一段时间内，只能用自身的感官去收集信息，用大脑存储和加工信息，用语言交流信息。当今社会正从工业社会进入信息社会，面对积聚起来的浩如烟海的各种信息，为了全面、深入、精确地认识和掌握这些信息所反映的事物本质，必须用 computer 进行处理。目前，数据处理广泛应用于办公自动化、企业管理、事务管理、情报检索等，数据处理已成为 computer 应用的一个重要方面。

过程控制。过程控制又称实时控制，指用 computer 及时采集数据，将数据处理后，按最佳值迅速地对控制对象进行控制。

现代工业，由于生产规模不断扩大，技术、工艺日趋复杂，从而对实现生产过程自动化控制系统的要求也日益增高。利用 computer 进行过程控制，不仅可以大大提高控制的自动化水平，而且可以提高控制的及时性和准确性，从而改善劳动条件、提高质量、节约能源、降低成本。computer 过程控制已在冶金、石油、化工、纺织、水电、机械、航天等部门得到广泛的应用。

图 3－15 插入剪贴画

(3)选择第二、三、四段文本，单击“页面布局”→“段落”→ 命令，在弹出的“段落”对话框中选择“特殊格式”下拉列表中的“首行缩进”选项，在“度量值”文本框中选择“2 字符”，然后在段后间距中选择“1 行”，单击“确定”按钮。再按步骤(2)的方法插入剪贴画并设置好。如图 3－16 所示。

(4)单击“插入”→“文本”→“文本框”命令，用鼠标拖动画出一个文本框，然后在文本框中插入一幅剪贴画，将大小缩至 50%并设置蓝色外边框，输入文字并设置字体格式。然后右键单击文本框，选择“设置文本框格式”，“版式”选项卡下的环绕方式设为“紧密型”。(图 3－17)

文字处理软件的发展

人类在很长一段时间内，只能用自身的感官去收集信息，用大脑存储和加工信息，用语言交流信息。当今社会正从工业社会进入信息社会，面对积聚起来的浩如烟海的各种信息，为了全面、深入、精确地认识和掌握这些信息所反映的事物本质，必须用 computer 进行处理。目前，数据处理广泛应用于办公自动化、企业管理、事务管理、情报检索等，数据处理已成为 computer 应用的一个重要方面。

过程控制。过程控制又称实时控制，指用 computer 及时采集数据，将数据处理后，按最佳值迅速地对控制对象进行控制。

现代工业，由于生产规模不断扩大，技术、工艺日趋复杂，从而对实现生产过程自动化控制系统的要求也日益增高。利用 computer 进行过程控制，不仅可以大大提高控制的自动化水平，而且可以提高控制的及时性和准确性，从而改善劳动条件、提高质量、节约能源、降低成本。computer 过程控制已在冶金、石油、化工、纺织、水电、机械、航天等部门得到广泛的应用。

人类在很长一段时间内，只能用自身的感官去收集信息，用大脑存储和加工信息，用语言交流信息。当今社会正从工业社会进入信息社会，面对积聚起来的浩如烟海的各种信息，为了全面、深入、精确地认识和掌握这些信息所反映的事物本质，必须用 computer 进行处理。目前，数据处理广泛应用于办公自动化、企业管理、事务管理、情报检索等，数据处理已成为 computer 应用的一个重要方面。

图 3-16　设置首行缩进及段后间距

文字处理软件的发展

人类在很长一段时间内，只能用自身的感官去收集信息，用大脑存储和加工信息，用语言交流信息。当今社会正从工业社会进入信息社会，面对积聚起来的浩如烟海的各种信息，为了全面、深入、精确地认识和掌握这些信息所反映的事物本质，必须用 computer 进行处理。目前，数据处理广泛应用于办公自动化、企业管理、事务管理、情报检索等，数据处理已成为 computer 应用的一个重要方面。

过程控制。过程控制又称实时控制，指用 computer 及时采集数据，将数据处理后，按最佳值迅速地对控制对象进行控制。

美丽的向日葵！

现代工业，由于生产规模不断扩大，技术、工艺日趋复杂，从而对实现生产过程自动化控制系统的要求也日益增高。利用 computer 进行过程控制，不仅可以大大提高控制的自动化水平，而且可以提高控制的及时性和准确性，从而改善劳动条件、提高质量、节约能源、降低成本。computer 过程控制已在冶金、石油、化工、纺织、水电、机械、航天等部门得到广泛的应用。

人类在很长一段时间内，只能用自身的感官去收集信息，用大脑存储和加工信息，用语言交流信息。当今社会正从工业社会进入信息社会，面对积聚起来的浩如烟海的各种信息，为了全面、深入、精确地认识和掌握这些信息所反映的事物本质，必须用 computer 进行处理。目前，数据处理广泛应用于办公自动化、企业管理、事务管理、情报检索等，数据处理已成为 computer 应用的一个重要方面。

图 3-17　插入文本框

(5)单击“页面布局”→“页面背景”→“水印”命令，在弹出的“水印”对话框中选择文字水印，输入文字“文字处理”并设置为隶书 72 磅，单击“确定”按钮，如图 3-18 所示。

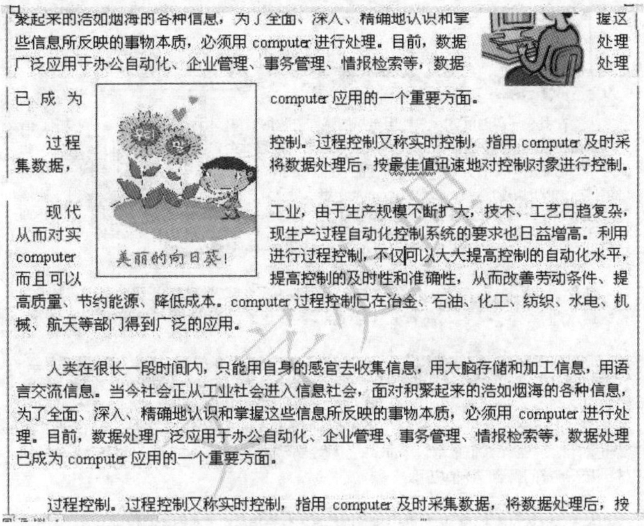

图 3-18　设置水印效果

(6)单击“插入”→“文本”→“对象”命令，在弹出的“对象”对话框中选择“新建”选项卡下的“Microsoft 公式 3.0”选项，单击“确定”按钮，然后输入上述公式，如图 3-19 所示。

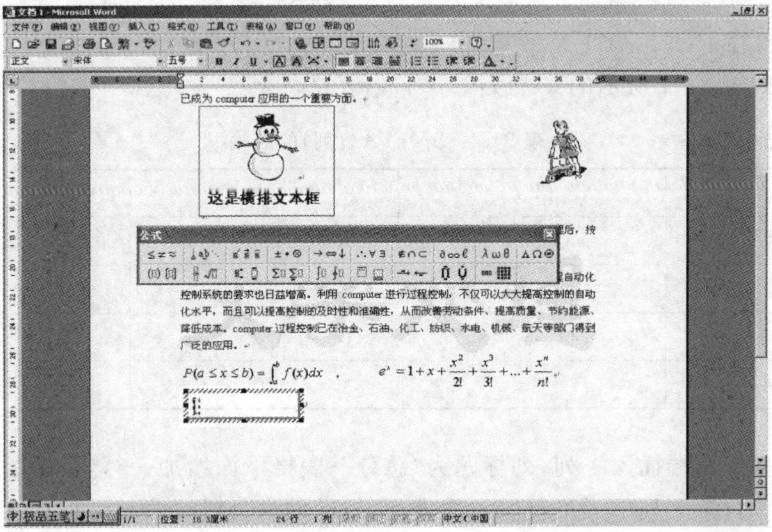

图 3-19　插入对象

(7)单击“插入”→“页眉和页脚”组下“页眉”或“页脚”命令，在页眉处输入文字“计算机的应用”并设为楷体五号。编辑状态便从页眉转换到了页脚区域，单击“页眉和页脚”功能组中的“页码”按钮，插入页码。单击“关闭”按钮。

(8)单击“页面布局”→“页面设置”组下命令 ，在弹出的“页面设置”对话框中设置上下页边距各为 2.4cm、左右页边距各为 3.2cm，单击“确定”按钮，如图 3-20 所示。

文字处理软件的发展

人类在很长一段时间内，只能用自身的感官去收集信息，用大脑存储和加工信息，用语言交流信息。当今社会正从工业社会进入信息社会，面对积聚起来的浩如烟海的各种信息，为了全面、深入、精确地认识和掌握这些信息所反映的事物本质，必须用 computer 进行处理。目前，数据处理广泛应用于办公自动化、企业管理、事务管理、情报检索等，数据处理已成为 computer 应用的一个重要方面。

过程控制。过程控制又称实时控制，指用 computer 及时采集数据，将数据处理后，按最佳值迅速地对控制对象进行控制。

现代工业，由于生产规模不断扩大，技术、工艺日趋复杂，从而对实现生产过程自动化控制系统的要求也日益增高。利用 computer 进行过程控制，不仅可以大大提高控制的自动化水平，而且可以提高控制的及时性和准确性，从而改善劳动条件、提高质量、节约能源、降低成本。computer 过程控制已在冶金、石油、化工、纺织、水电、机械、航天等部门得到广泛的应用。

人类在很长一段时间内，只能用自身的感官去收集信息，用大脑存储和加工信息，用语言交流信息。当今社会正从工业社会进入信息社会，面对积聚起来的浩如烟海的各种信息，为了全面、深入、精确地认识和掌握这些信息所反映的事物本质，必须用 computer 进行处理。目前，数据处理广泛应用于办公自动化、企业管理、事务管理、情报检索等，数据处理已成为 computer 应用的一个重要方面。

图 3-20　设置页眉页脚

4. 表格的制作

● 实训内容

(1)建立如表 3-1 所示的 5(行)×4(列)的表格。

表 3-1　5(行)×4(列)的表格

	语文	政治	英语
李启明	80	90	85
王德亮	95	78	77
张成宏	76	79	69
刘卫国	86	90	82

(2)在表格最右端插入一列，列标题为“总分”；表格下面增加一行，行标题为“平均分”。

(3)将第一行第一列单元格设置斜线表头，行标题为“科目”，列标题为“姓名”。

(4)将表格除第一行第一列外的字符格式设置为加粗、倾斜。

(5)将表格中所有单元格设置为中部居中；设置整个表格为水平居中。

(6)设置表格外框线为 1.5 磅的双线，内框线为 1 磅的细线；表格第一行的下框线及第 1 列的右框线为 0.5 磅的双实线。

(7)设置表格底纹：第一行的填充色为灰色－15%，最后一行为青色。

(8)在表格的第一行上增加一行，并合并单元格；输入标题“各科平均成绩表”，格式为隶书、二号、居中，将底纹设置成无填充，图案的颜色为青色。

(9)将表格中的数据按排序依据先是政治成绩从高到低，然后是英语成绩从高到低进行排序。计算每位同学总分及各科平均分(分别保留一位小数和两位小数)，并设置成加粗、倾斜。

(10)最后以“WD3.DOC”为文件名保存在当前文件夹中。

● 实训指导

(1)在常用工具栏中，单击“插入”→“表格”工具按钮，在下拉表格框拖曳 5 行 4 列，如图 3-21 所示，并按表 3-1 所示输入数据。

(2)光标停留在表格最后一列，单击右键，在子菜单中选择“在右侧插入列”，如图 3-22 所示，在刚增加的列的第一行中填写列标题“总分”，将光标定位至表格最后一行外面的回车符前按回车键，即可追加一空白行，在刚增加的行的第一列中填写“平均分”。然后在已建表中的其他各行、列单元格中输入表 3-1 所给数据。

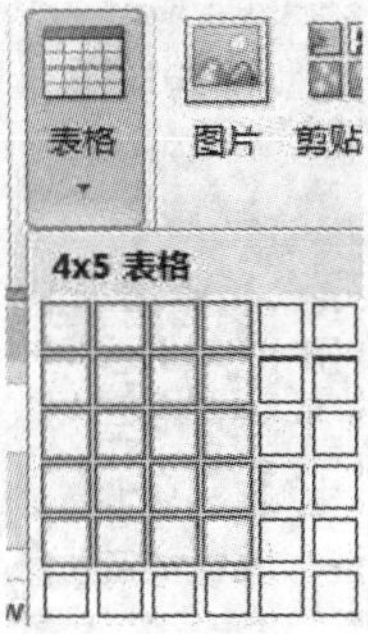

图 3-21 “插入表格”工具栏

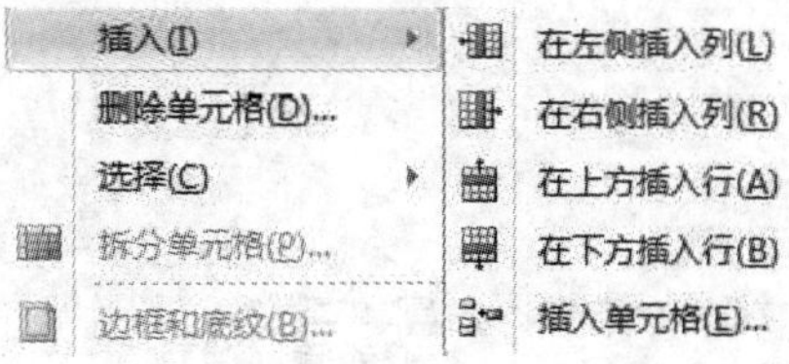

图 3-22 “插入列”菜单

(3)将光标定位在第一个单元格，单击“表格工具”→“设计”→“表格样式”→“边框”选项，如图 3-23 所示，弹出“斜下线框”对话框，如图 3-24 所示，在此对话框中分别填入行标题“科目”及列标题“姓名”即可。

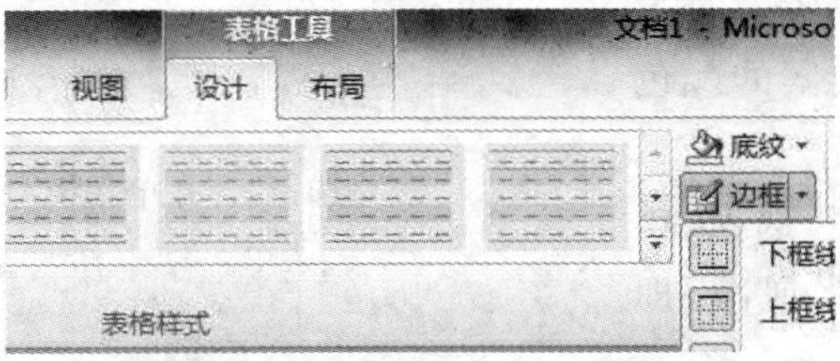

图 3-23 “表格工具”对话框

图 3-24 “斜下框线”对话框

(4)选定表格的第一行,在“格式”工具栏上分别点击“加粗”、“倾斜”按钮即可将字符格式设置为加粗、倾斜。

(5)单击表格左上角的图标选定整张表,单击右键,选择“单元格对齐方式”选项中的“中部居中”按钮(第二行、第二列按钮),如图 3-25 所示;再利用“表格属性”对话框的“表格”选项卡设置表格居中,就可以将表格中所有单元格设置为水平居中、垂直居中;设置整个表格为水平居中。

(6)选定整张表,单击“表格工具”→“设计”→“表格样式”→“边框”选项,选择要求的线型、粗细,然后在边框列表中选择所需的框线,如图 3-26 所示;用同样的方法可设置第一行的下框线和第一列的右框线。

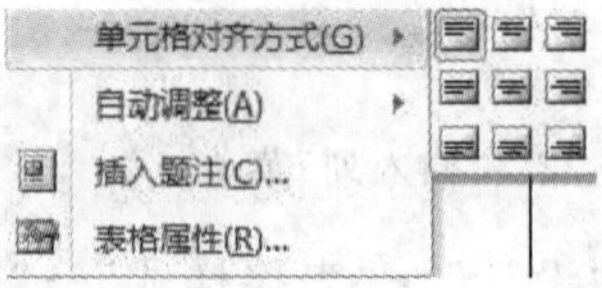

图 3-25 “单元格对齐方式”菜单

图 3-26 “边框”工具栏

(7)选择要设置底纹的区域(第一行),在菜单栏“表格工具”→“设计”→“表格样式”→“边框”→“边框和底纹”选项,选择“底纹”选项卡,首先在“填充”下面的颜色中选择“灰色-15%”;最后一行的图案填充颜色:在“图案”中选择“纯色”→颜色“青色”选项。

(8)选中第一行,单击“表格工具”→“布局”→“行和列”选项,在子菜单中选择“在上方插入”,即可在表格最上面增加一行;再选中新插入的行,单击右键选择“合并单元格”选项,如图 3-27 所示,在合并的单元格里输入表格标题“各科平均成绩表”,并按实训要求设置字符为隶书、一号、居中、并且底纹设置为:无填充、图案的颜色也为青色。

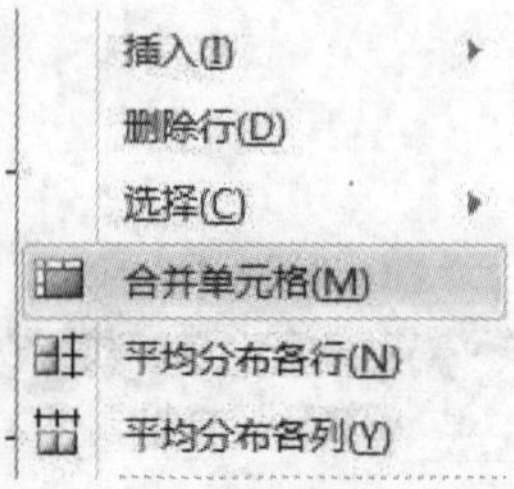

图 3-27 选择“合并单元格”菜单

(9)选中表格,在“表格”菜单下选择“排序”选项,排序的第一依据是政治,第二依据是英语,均为递减,即“降序”,如图 3-28 所示。

(10)将光标移到存放总分的单元格(如第三行最后一列),单击“表格工具”→“布局”→

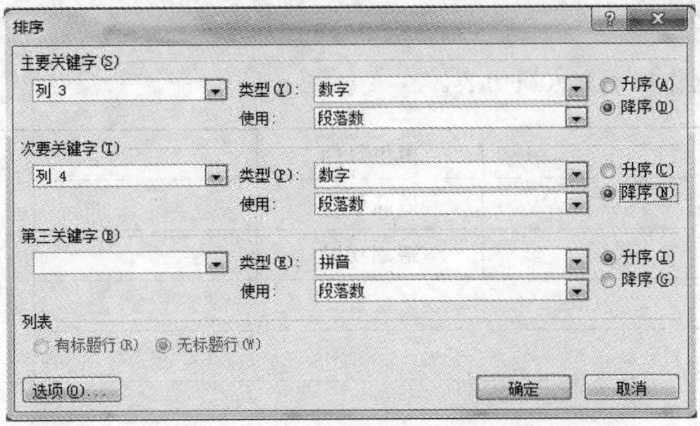

图 3-28 “排序”对话框

“数据”→“公式”选项，在“公式”文本框中粘贴求和函数(SUM)，函数的参数为(B3:D3)或(LEFT)，即 SUM(B3:D3)或 SUM(LEFT)，在“数字格式”文本框里输入一位小数的格式 0.0。同理可以计算其他单元格的数值。计算“平均分”时，在“公式”文本框中粘贴平均函数(AVERAGE)，函数的参数为(B3:B6)或(ABOVE)，即 AVERAGE(B3:B6)或 AVERAGE(ABOVE)，在“数字格式”文本框里输两位小数的格式 0.00。如图 3-29 所示。

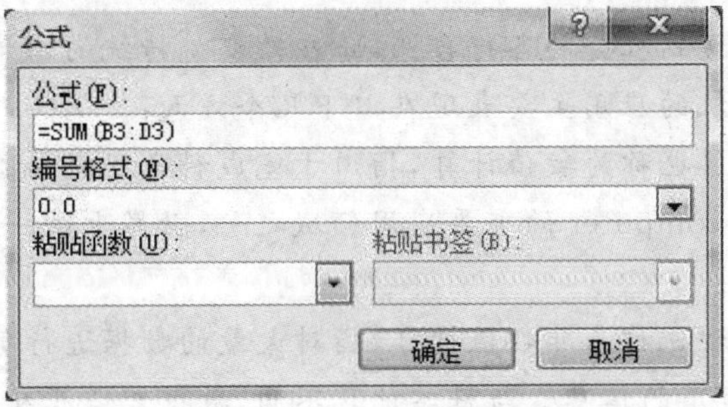

图 3-29 “公式”对话框

(11)单击“文件”→“保存”选项。

表 3-1 的最后操作效果如图 3-30 所示。

各科平均成绩表				
姓名 / 科目	语文	政治	英语	总分
李启明	80	90	85	255.0
刘卫国	86	90	82	258.0
张成宏	76	79	69	224.0
王德亮	95	78	77	250.0
平均分	84.25	84.25	78.25	244.50

图 3-30 操作效果图

三、实训练习

1. 用 Word 制作如下个人履历表。

<table>
<tr><td>姓名</td><td></td><td>出生日期</td><td></td><td rowspan="5">（照片）</td></tr>
<tr><td>性别</td><td></td><td>最高学历</td><td></td></tr>
<tr><td>职务职称</td><td></td><td>婚姻状况</td><td></td></tr>
<tr><td>工作单位</td><td colspan="3"></td></tr>
<tr><td>家庭地址</td><td colspan="3"></td></tr>
<tr><td colspan="5">个人简历</td></tr>
<tr><td>起止时间</td><td colspan="4">工作内容</td></tr>
<tr><td></td><td colspan="4"></td></tr>
<tr><td></td><td colspan="4"></td></tr>
<tr><td></td><td colspan="4"></td></tr>
</table>

2. 下面有一篇未编排任何格式的文章，内容如下：

计算机在各个领域中的应用

计算机的应用已渗透到社会的各行各业，正在改变着传统的工作、学习和生活方式，推动着社会的发展。计算机的应用主要表现在以下几个方面：

科学计算。科学计算也称为数值计算，指用于完成科学研究和工程技术中提出的数学问题的计算。它是电子 computer 的重要应用领域之一，世界上第一台 computer 的研制就是为科学计算而设计的。

数据处理。数据处理也称为非数值计算，指对大量的数据进行加工处理，例如分析、合并、分类、统计等，形成有用的信息。与科学计算不同，数据处理涉及的数据量大，但计算方法较简单。

computer 高速、高精度的运算是人工计算所望尘莫及的。随着科学技术的发展，各种领域中的计算模型日趋复杂，人工计算已无法解决这些复杂的计算问题。例如：在天文学、量子化学、空气动力学、核物理学和天气预报等领域中都需要依靠 computer 进行复杂的运算。科学计算的特点是计算量大且数值变化范围大。

请按下列要求完成排版操作：

(1)将标题“计算机在各个领域中的应用”设置为“标题 3”样式、居中，并将标题中的“计算机在”几个字设置为红色、字符间距设置为加宽 6 磅、文字提升 6 磅、加上着重号；将标题中的“各个领域中的应用”这几个字设置为二号，然后为标题添加 15％的底纹及 2.25 磅的阴影边框。

(2)将第一段正文设置为宋体、小四号，使该段最后一句话的格式与标题中“计算机在”这几个字的格式相同，然后为该段中的“各行各业”几个字添加 1.5 磅的单线边框。

(3)将第二、第三段正文中的中文字体设置为宋体,英文字体设置为 Arial;将第四段正文中的所有英文字母设置为加粗倾斜、小四号、加下画波浪线。

(4)使正文的倒数二、三、四段与前后的正文各空一行,并给这三段加上红色、五号的菱形项目符号,文字位置左缩进 0.6cm。

(5)将最后一段正文分成三栏,前两栏的栏宽分别为 3cm、4.5cm,中间加分隔线。

(6)使标题以下的四段正文首行缩进 0.8cm,并将第一段设置为 1.5 倍行距、左右各缩进 1cm、段后间距设置为 5 磅,然后将第二、三、四段正文分成等宽的两栏。

3. 练习任务描述:

使用大纲视图编写论文的大纲,输入和编辑论文正文;

用样式功能按要求修饰论文,插入页码,创建论文目录,设计毕业论文的奇数页的页眉内容为论文名称,字体格式为"楷体、五号、居左",偶数页的页眉内容为班级和姓名,字体格式为"楷体、五号、居右",完成的文件保存。

结果参见后图。

数码相机中的图像放大算法浅谈

计算机专业 990 班　张一一

摘要:全球高新技术的飞速发展,极大地促进了各项事业的进步与提高,计算机图形学已成为各领域迫切需要的技术,特别是数码相机进入千家万户,对数码相机的图片处理技术越来越高,对放大处理技术迫在眉睫。

关键词:数码相机　灰度值　插值

Abstract: The rapid development of the high and new technology accelerates the enhancement of various enterprises Computer graphics falls into the most urgent category needing developing.

Key Word: Digital camera Gray—scale Interpolation

第 1 章　绪论

1.1　课题背景

90 年代崛起的数码相机,是现代通信、计算机产业、照相机产业高速发展的产物。随着电信、计算机的普及和家庭化,数码相机的应用领域也日益广泛。数码相机具有一些传统相机所无法比拟的优势:用传统相机拍摄的图像要进行数字化处理,须经过拍照、冲洗、扫描三个步骤,而用数码相机摄影则无需胶卷,无需暗室,无需扫描仪,拍摄的图像可直接输入到计算机中,用户可在计算机中对图像进行编辑、处理,在电脑或电视中显示,通过打印机输出或通过电子邮件传给别人,大大提高了工作效率。

1.2　本文工作

本文主要是分析现在常用的数码变焦的算法,比较各种技术的优缺点,以找到最适合的图像缩放技术。由于图像缩小一般不会太大损失图像质量，缩小后的图像失真不明显，所以以下的讨论重点放在图像放大上面。

第2章　图像放大技术

2.1　相关概念

数码相机虽然沿用了传统拍摄中的用语，也由于成像原理的不同而有了一些特殊的专用名词，只有掌握了数字摄影中的一些新的相关新概念才能了解数码相机中的图像软件放大。下面简单介绍一些最基本的常识：

位(Bit)

Bit是计算机处理中最小的数据单位，颜色经过数字化处理后转变为由一个个Bit组成的形态。“位深”用来描述图像所包括的颜色数，数码相机在采集红、绿、蓝光时每一种颜色深度是8位，总位深就是24位，而8位相当于每种原色有256个层次，这样三种颜色混合会有256X256X256种，即1.67亿种颜色，又称真彩色。

分辨率(Resolution)

在数字图像中用来表示质量的技术参数，也是划分数字相机成像档次的一种标准，它以图像横向和纵向点的总数量来衡量图像的细节，这些点我们称之为像素(Pixel)。

2.2　图像放大的有关技术

图像放大技术有很多种，最一般的就是使用线性复制的方法对图像进行简单的比例变换，但这种方法常会引起比较严重的图像走样，使图像将产生许多不规则边缘和锯齿。所以不宜采用这种方法。

在Photoshop中也采用了Genuine Fractals的技术，它不是直接的放大图像，而是采用它自己的fractal压缩算法将图像压缩成一种特殊的文件格式，当你在重新打开这压缩文件的时候，你就可以选择将图像进行fractal放大。这种方法通常被用来放大使用数码相机得到的低分辨率的图像，它的最后显示结果很大程度上取决于被放大的物体本身。所以对于有些图像来说，采用Genuine Fractals放大可能会取得比较好的效果，但也有很大可能会得到较差的结果，所以也不宜采用这种方法。

2.3　插值算法简介

插值算法是应用十分广泛的一种方法。在数学分析中，往往用 $y=f(x)$ 来描述一条平面曲线，但在实际问题中，函数 $y=f(x)$ 往往是用通过试验观测得到的一组数据来给出的。插值的目的，就是根据给定的数据，寻找一个解析形式的函数 $\varphi=f(x)$，近似地代替 $f(x)$。插值算法会自动选择信息较好的像素作为增加的像素，而并非只使用临近的像素，所以在放大图像时，图像看上去会比较平滑、干净，但必须注意的是图像信息已经改变。但插值并不能增加图像信息：一些照片中，有些人因为距离比较远，在照片上只有一个白点，但当图像插值放大时，这个人还是白点，只是比以前稍微大了些。插值是数字图像处理领域里一个很大的分支，最简单的就是最临近插值法，有点实用价值的是双线性插值法。由于图像放大本质上是“无中生有”的凭空“捏造”一些像素出来，所以对于插值算法的要求就更高了。现在，在实际应用中，都通过在双线性插值的基础上通过高阶插值来修正的。

(1)最邻近插值(Nearest－Neighbor Interpolation)

最简单的插值方法是所谓零阶插值。它的思想方法很简单。对于通过反向变换得到的一个浮点坐标,对其进行简单的取整,得到一个整数型坐标,这个整数型坐标对应的像素值就是目的像素的像素值,可见,最邻近插值简单且直观,并且在执行中式效率最高的,当图像中包含像素之间灰度级有变化当细微结构时,最邻近插值法会在图像中产生人为痕迹。

数码相机中的图像放大算法浅谈

数码相机中的图像放大算法浅谈

计算机专业 990 班 张一一

摘要: 全球高新技术的飞速发展,极大的促进了各项事业的进步与提高,计算机图形学已成为各领域迫切需要的技术,特别是数码相机进入千家万户,对数码相机的图片处理技术越来越高,对放大处理技术迫在眉睫。

关键词: 数码相机 灰度值 插值

Abstract: The rapid development of the high and new technology accelerates the enhancement of various enterprises. Computer graphics falls into the most urgent category needing developing.

keyword: Digital cameraGray-scale Interpolation

第 1 章 绪论

1.1 课题背景

90 年代崛起的数码相机,是现代通信、计算机产业、照相机产业高速发展的产物。随着电信、计算机的普及和家庭化,数码相机的应用领域也日益广泛。数码相机具有一些传统相机所无法比拟的优势:用传统相机拍摄的图像要进行数字化处理,须经过拍照、冲洗、扫描三个步骤,而用数码相机摄影则无需胶卷,无需暗室,无需扫描仪,拍摄的图像可直接输入到计算机中,用户可在计算机中对图像进行编辑、处理,在电脑或电视中显示,通过打印机输出或通过电子邮件传给别人,大大提高了工作效率。

1.2 本文工作

本文主要是分析现在常用的数码变焦的算法,比较各种技术的优缺点,以找到最适合的图像缩放技术。由于图像缩小一般不会太大损失图像质量,缩小后的图像失真不明显,所以以下的讨论重点放在图像放大上面。

第 2 章 图像放大技术

2.1 相关概念

数码相机虽然沿用了传统拍摄中的用语,也由于成像原理的不同而有了一些特殊的专用名词,只有掌握了数字摄影中的一些新的相关新概念才能了解数码相机中的图像软件放大。下面简单介绍一些最基本的常识:

位 (Bit)

1

Bit 是计算机处理中最小的数据单位，颜色经过数字化处理后转变为由一个个 Bit 组成的形态。“位深”用来描述图像所包括的颜色数，数码相机在采集红、绿、蓝光时每一种颜色深度是 8 位，总位深就是 24 位，而 8 位相当于每种原色有 256 个层次，这样三种颜色混合会有 256*256*256 种，即 1.67 亿种颜色，又称真彩色。

分辨率（Resolution）

在数字图像中用来表示质量的技术参数，也是划分数字相机成像档次的一种标准，它以图像横向和纵向点的总数量来衡量图像的细节，这些点我们称之为像素（Pixel）。

2.2 图像放大的有关技术

图像放大技术有很多种，最一般的就是使用线性复制的方法对图像进行简单的比例变换，但这种方法常会引起比较严重的图像走样，使图像将产生许多不规则边缘和锯齿。所以不宜采用这种方法。

在 Photoshop 中也采用了 Genuine Fractals 的技术，它不是直接的放大图像，而是采用它自己的 fractal 压缩算法将图像压缩成一种特殊的文件格式，当你在重新打开这压缩文件的时候，你就可以选择将图像进行 fractal 放大。这种方法通常被用来放大使用数码相机得到的低分辨率的图像，它的最后显示结果很大程度上取决于被放大的物体本身。所以对于有些图像来说，采用 Genuine Fractals 放大可能会取得比较好的效果，但也有很大可能会得到较差的结果，所以也不宜采用这种方法。

2.3 插值算法简介

插值算法是应用十分广泛的一种方法。在数学分析中，往往用 $y=f(x)$ 来描述一条平面曲线，但在实际问题中，函数 $y=f(x)$ 往往是用通过试验观测得到的一组数据来给出的。插值的目的，就是根据给定的数据，寻找一个解析形式的函数 $\varphi=f(x)$，近似地代替 $f(x)$。

插值算法会自动选择信息较好的像素作为增加的像素，而并非只使用临近的像素，所以在放大图像时，图像看上去会比较平滑、干净，但必须注意的是图像信息已经改变。但插值并不能增加图像信息：一些照片中，有些人因为距离比较远，在照片上只有一个白点，但当图像插值放大时，这个人还是白点，只是比以前稍微大了些。 插值是数字图像处理领域里一个很大的分支，最简单的就是最临近插值法，有点实用价值的是双线性插值法。由于图像放大本质上是“无中生有”的凭空“捏造”一些像素出来，所以对于插值算法的要求就更高了。现在，在实际应用中，都通过在双线性插值的基础上通过高阶插值来修正的。

（1）最邻近插值（Nearest-Neighbor Interpolation）

最简单的插值方法是所谓零阶插值。它的思想方法很简单，对于通过反向变换得到的的一个浮点坐标，对其进行简单的取整，得到一个整数型坐标，这个整数型坐标对应的像素值就是目的像素的像素值，可见，最邻近插值简单且直观，并且在执行中式效率最高的，当图像中包含象素之间灰度级有变化当细微结构时，最邻近插值法会在图像中产生人为痕迹。

2

实训四 Excel 2010 基础应用

一、实训目的与要求

1. 熟练掌握工作簿中各种数据的输入。
2. 充分利用 Excel 提供多张工作表进行数据运算。
3. 熟练掌握 IF 函数的应用。
4. 掌握 Excel 中“＄”和“&”的应用。
5. 掌握 Excel 中用 RANK 函数进行排序的方法。
6. 掌握条件格式的应用。
7. 随时查看各类数据的明细和统计情况。
8. 掌握高级筛选的运用。
9. 掌握对相同类别的数据进行统计汇总的方法。

二、实训内容

1. 工作表中的数据格式

(1)启动 Excel 后输入以下数据到当前工作表中。

例：在第一张工作表 Sheet1 中从 A1 至 E1 单元格依次输入五组字符如下：

姓名、性别、年龄、爱好、专业

从 A2 至 E2 依次输入五组时间如下：

11:20、11:22、11:24、11:26、11:28

从 A3 至 E3 单元格依次输入五组日期(年月日间用“/”或“－”作为分隔符)如下：

2000/9/1、2000/9/2、2000/9/3、2000－3－15、2000－3－16

从 A4 至 E4 单元格依次输入五组百分比如下：

12％、15％、17％、19％、30％

从 A5 至 E5 单元格依次输入五组数值如下：

12345678、—4760000、—0.0000053、300000000、4563.32

从 A6 至 E6 单元格依次输入五组分数(注：分数前加“0”和一个空格，否则系统默认为日期)如下：

0　1/2、0　1/3、0　1/5、0　2/3、0　13/17

最终效果如图 4－1 所示。

一般情况下，按照一定的格式输入数字，Excel 会自动识别常用的数据格式，并且除字符输入完成后左对齐外，其他数字格式均右对齐。

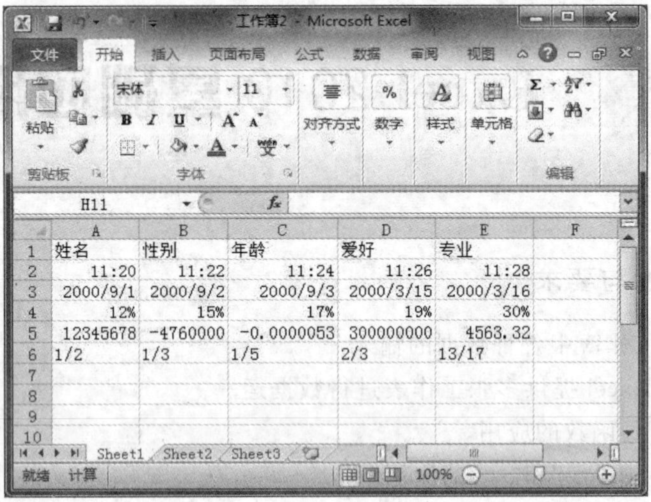

图 4-1 输入内容后的效果

(2)也可以在输入数据之前先选定输入区域的数据格式，例如从 A8 开始按左键拖动鼠标至 E8。单击鼠标右键，在弹出的快捷菜单中选择“设置单元格格式”命令，在弹出的“设置单元格格式”对话框中选择“数字”选项卡，在数字分类中设置分数的类型为“分母为一位数”，单击“确定”按钮退出。

输入下面分数数据：1/2、1/3、1/4、1/5、1/6。

【注】这时输入数据前就不用再加“0”和空格了，因为单元格的格式已经指定，输入数据后系统默认为分数。

(3)输入系列数据。

操作一：从单元格 A10 开始依次输入“1，3，5，7，9，11…”

先输入这列数据的前两个，选取前两个数据后拖动填充柄完成后续数据的输入。

操作二：从单元格 A11 开始依次输入“NO1，NO2，NO3，NO4…”

只需要输入这列数据的第一个，选取这个数据后拖动填充柄完成。

【注】在 Excel 中，对于字符和数值组成的数据，在拖动填充时只有数值部分会自动变化。

(4)输入自定义序列数据。

在单元格 A12 中输入“星期一”，选定 A12，拖动填充柄填充至单元格区域 B12、C12、D12、E12、F12、G12，可以填充“星期二、星期三、星期四、星期五、星期六、星期日”。

在单元格 A13 中输入“甲”，选定 A13，拖动填充单元格 B13、C13、D13、E13、F13、G13，可以填充“乙、丙、丁、戊、己、庚”。

如果需要对一系列特定的字符进行拖动填充操作，那么就需要在 Excel 中进行自定义序列数据操作。

如果在单元格 A14 中输入“姓名”，想通过拖动填充年龄、性别、爱好、专业等数据就可以先定义序列数据。单击“开始”选项卡，在“编辑”组中单击“排序和筛选”按钮，在弹出的菜单中选择“自定义排序”命令，在弹出的“排序”对话框中选择“次序”下拉列表框，选择“自定义序列”，添加这个序列数据(添加的数据按回车键隔开)，就可在任何位置方便快速地拖动填充数据，输入内容后如图 4 - 2 所示。

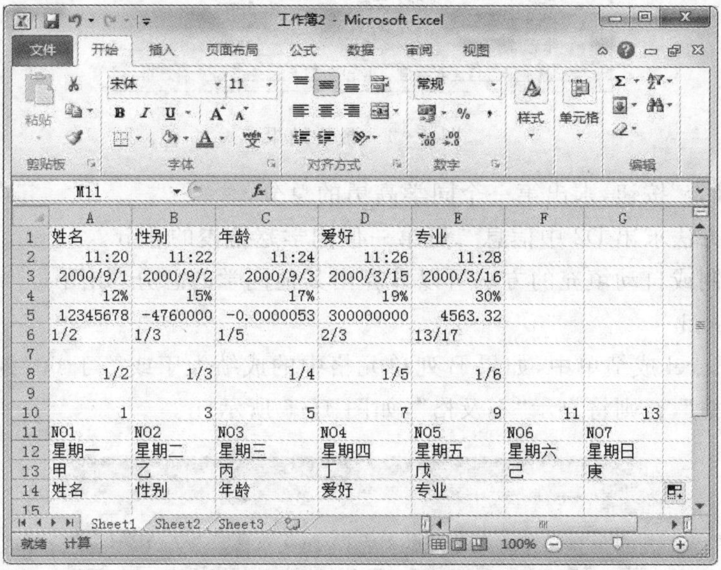

	A	B	C	D	E	F	G
1	姓名	性别	年龄	爱好	专业		
2	11:20	11:22	11:24	11:26	11:28		
3	2000/9/1	2000/9/2	2000/9/3	2000/3/15	2000/3/16		
4	12%	15%	17%	19%	30%		
5	12345678	-4760000	-0.0000053	300000000	4563.32		
6	1/2	1/3	1/5	2/3	13/17		
7							
8	1/2	1/3	1/4	1/5	1/6		
9							
10	1	3	5	7	9	11	13
11	NO1	NO2	NO3	NO4	NO5	NO6	NO7
12	星期一	星期二	星期三	星期四	星期五	星期六	星期日
13	甲	乙	丙	丁	戊	己	庚
14	姓名	性别	年龄	爱好	专业		

图 4 - 2　输入内容后效果

2. 多表操作

启动 Excel，将“信息一班”和“信息二班”的成绩分别输入到 Sheet1 和 Sheet2 工作表中，如图 4 - 3 所示。

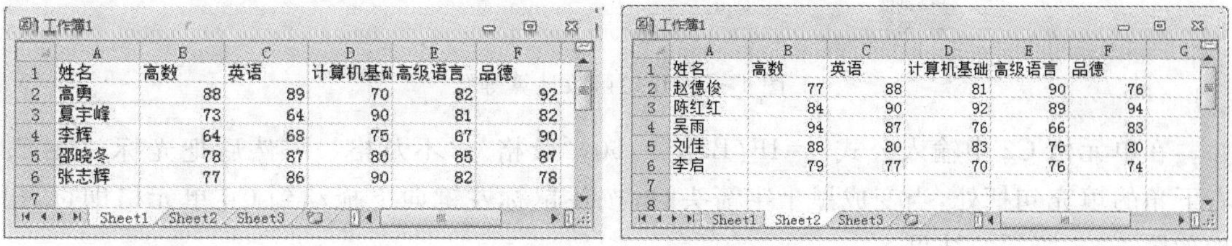

	A	B	C	D	E	F
1	姓名	高数	英语	计算机基础	高级语言	品德
2	高勇	88	89	70	82	92
3	夏宇峰	73	64	90	81	82
4	李辉	64	68	75	67	90
5	邵晓冬	78	87	80	85	87
6	张志辉	77	86	90	82	78

	A	B	C	D	E	F
1	姓名	高数	英语	计算机基础	高级语言	品德
2	赵德俊	77	88	81	90	76
3	陈红红	84	90	92	89	94
4	吴雨	94	87	76	66	83
5	刘佳	88	80	83	76	80
6	李启	79	77	70	76	74

图 4 - 3　信息一班和信息二班成绩

当两个成绩表输入后就能计算两个班每个同学的总分了，本例将总分存放在第三张工作表 Sheet3 中，在 Sheet3 中只包括“姓名”和“总分”两个标题。

(1)在 Sheet3 中的 A1 和 C1 单元格中分别输入“姓名”，再将两个班同学的姓名分别复制到 Sheet 3 的 A2:A6、C2:C6 中，如图 4 - 4 所示。

(2)在 B1 和 D1 单元格中分别输入“总分”。

(3)单击 Sheet 3 中的 B2 单元格，以此确定信息一班第一位同学高勇总分存放的位置。

(4)单击“开始”选项卡，在“编辑”组中单击“自动求和”按钮，然后单击 Sheet1，拖动鼠标标记求和范围 B2:F2，此时在编辑栏中会显示“＝SUM(Sheet1! B2:F2)”，表示求和区域是第一张表中 B2:F2 区域数据之和。

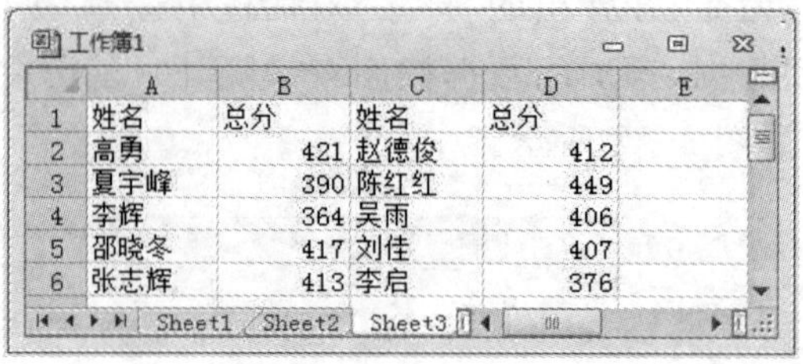

	A	B	C	D
1	姓名	总分	姓名	总分
2	高勇	421	赵德俊	412
3	夏宇峰	390	陈红红	449
4	李辉	364	吴雨	406
5	邵晓冬	417	刘佳	407
6	张志辉	413	李启	376

图 4-4　最终结果

(5)单击“确定”按钮，求出第一个同学高勇的总分。

(6)同样的方法求出 D2 中信息二班第一位同学赵德俊的总分。

(7)通过复制或自动填充的方法可以计算出其他同学的总分，如图 4-4 所示。

3. IF 函数应用

在下面的 Excel 成绩单中，如果 B 列单元格中的成绩大于或等于 60，则 C 列备注栏中相应地显示“及格”，否则将显示“不及格”，如图 4-5 所示。

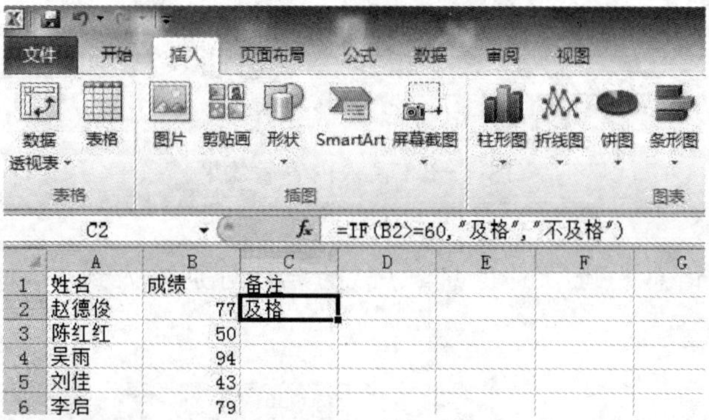

	A	B	C
1	姓名	成绩	备注
2	赵德俊	77	及格
3	陈红红	50	
4	吴雨	94	
5	刘佳	43	
6	李启	79	

图 4-5　IF()函数计算等级

在单元格 C2 中输入公式“=IF(B2>=60,‘及格’,‘不及格’)”，然后把光标放在 C2 右下角的填充句柄处，当变成黑十字箭头时，按住鼠标左键向下拖动到 C6 单元格即可，出现如图 4-6 所示的结果。

	A	B	C
1	姓名	成绩	备注
2	赵德俊	77	及格
3	陈红红	50	不及格
4	吴雨	94	及格
5	刘佳	43	不及格
6	李启	79	及格

图 4-6　等级计算结果

4. Excel 中“$”和“&”的应用

在 Excel 2010 中用公式复制的方法产生九九乘法表。

(1)打开 Excel 2010，在 Sheet1 表格中的 B1 单元格中输入数字“1”，按住 Ctrl 键的同时将光标移动到本单元格右下角的填充句柄处，出现两个“+”的黑十字形状，按住鼠标左键水平往右拖动到 J1 单元格后，在 B1～J1 单元格中即出现水平方向的数字 1～9。用相同的方法在 A2～A10 单元格中产生垂直方向的数字 1～9。

(2)鼠标选中 B2 单元格，再到编辑栏中输入公式：="B$1&"×"&$A2&"="&B$1×$A2"，按 Enter 键就可得到 B2 单元格中的公式“1×1=1”。

【注】“&”实现字符串串联的功能，将两个字符串连在一起；

“$”实现单元格的绝对引用，每个单元格由行和列组成；

绝对列与绝对行(例如，$C$1)；相对列与绝对行(C$1)；绝对列与相对行($C1)以及相对列与相对行(C1)。

(3)选中 B2 单元格，将光标移动到本单元格的右下角，当变成黑十字时，按住鼠标左键不放向下拖动到 B10 单元格即产生 B2～B10 单元格中的公式。选中 B2:B10，当右下角变成黑十字时往右拖动到 J10 单元格，即可得到用公式复制的方法产生的九九乘法表，效果如图 4-7 所示。

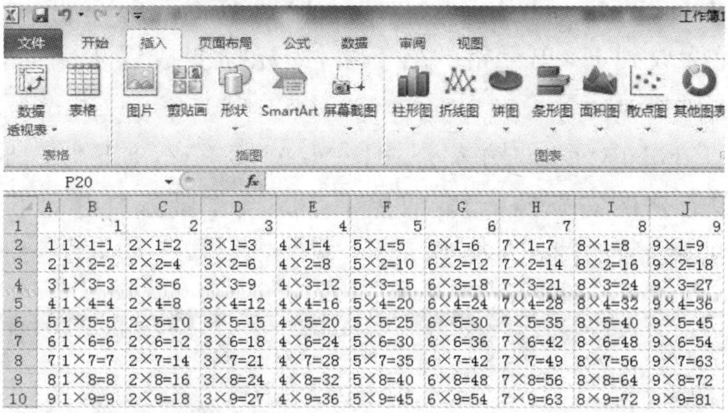

	A	B	C	D	E	F	G	H	I	J
1		1	2	3	4	5	6	7	8	9
2	1	1×1=1	2×1=2	3×1=3	4×1=4	5×1=5	6×1=6	7×1=7	8×1=8	9×1=9
3	2	1×2=2	2×2=4	3×2=6	4×2=8	5×2=10	6×2=12	7×2=14	8×2=16	9×2=18
4	3	1×3=3	2×3=6	3×3=9	4×3=12	5×3=15	6×3=18	7×3=21	8×3=24	9×3=27
5	4	1×4=4	2×4=8	3×4=12	4×4=16	5×4=20	6×4=24	7×4=28	8×4=32	9×4=36
6	5	1×5=5	2×5=10	3×5=15	4×5=20	5×5=25	6×5=30	7×5=35	8×5=40	9×5=45
7	6	1×6=6	2×6=12	3×6=18	4×6=24	5×6=30	6×6=36	7×6=42	8×6=48	9×6=54
8	7	1×7=7	2×7=14	3×7=21	4×7=28	5×7=35	6×7=42	7×7=49	8×7=56	9×7=63
9	8	1×8=8	2×8=16	3×8=24	4×8=32	5×8=40	6×8=48	7×8=56	8×8=64	9×8=72
10	9	1×9=9	2×9=18	3×9=27	4×9=36	5×9=45	6×9=54	7×9=63	8×9=72	9×9=81

图 4-7 九九乘法表

(4)删除多余的单元格，效果如图 4-8 所示。

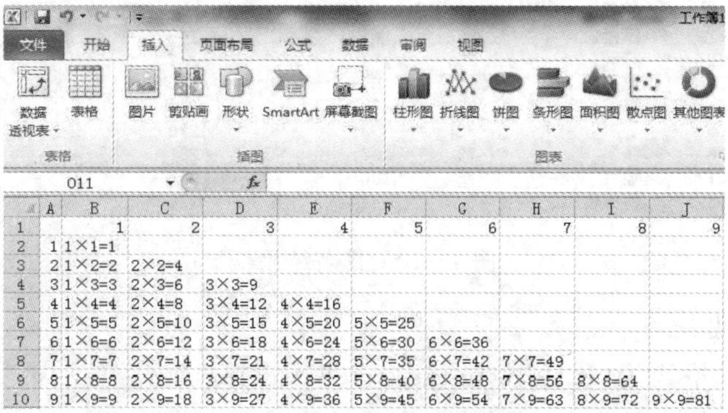

	A	B	C	D	E	F	G	H	I	J
1		1	2	3	4	5	6	7	8	9
2	1	1×1=1								
3	2	1×2=2	2×2=4							
4	3	1×3=3	2×3=6	3×3=9						
5	4	1×4=4	2×4=8	3×4=12	4×4=16					
6	5	1×5=5	2×5=10	3×5=15	4×5=20	5×5=25				
7	6	1×6=6	2×6=12	3×6=18	4×6=24	5×6=30	6×6=36			
8	7	1×7=7	2×7=14	3×7=21	4×7=28	5×7=35	6×7=42	7×7=49		
9	8	1×8=8	2×8=16	3×8=24	4×8=32	5×8=40	6×8=48	7×8=56	8×8=64	
10	9	1×9=9	2×9=18	3×9=27	4×9=36	5×9=45	6×9=54	7×9=63	8×9=72	9×9=81

图 4-8 九九乘法表

5. 排序应用

掌握 Excel 中用 RANK 函数进行排序的方法。在如图 4－9 所示的学生成绩表中，希望在不改变原有学号排列的情况下，按总分在名次列中标出每个人的名次，这时可使用 RANK()函数来实现。

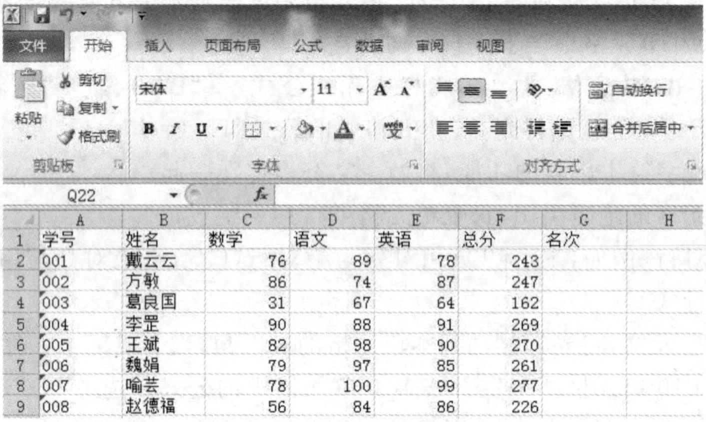

学号	姓名	数学	语文	英语	总分	名次
001	戴云云	76	89	78	243	
002	方敏	86	74	87	247	
003	葛良国	31	67	64	162	
004	李罡	90	88	91	269	
005	王斌	82	98	90	270	
006	魏娟	79	97	85	261	
007	喻芸	78	100	99	277	
008	赵德福	56	84	86	226	

图 4－9　学生成绩表

(1)求出每个学生的总分。打开 Excel，输入原始数据，在 F2 单元格中输入公式"＝SUM(C2:E2)"，把光标放到 F2 单元格的右下角，当光标变成黑十字时按住鼠标左键向下拖动，一直拖到 F9 单元格。

(2)将光标定位于 G2 单元格，输入公式"＝RANK(F2，$F$2:$F$9)"，按 Enter 键，把光标放到 G2 单元格的右下角，当变成黑十字时按住鼠标左键向下拖动，一直拖到 G9 单元格，这样排名就出来了，如图 4－10 所示。

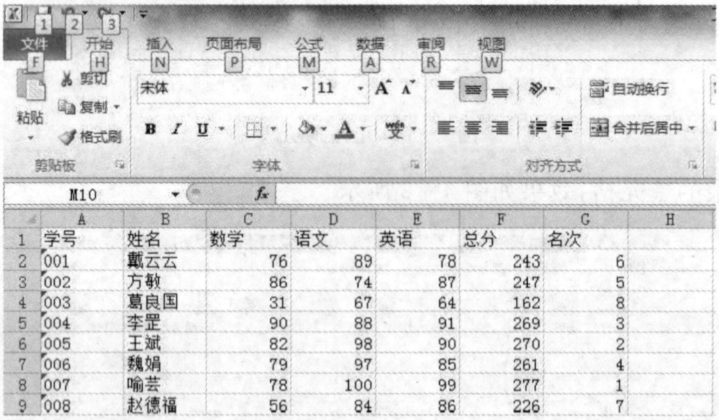

学号	姓名	数学	语文	英语	总分	名次
001	戴云云	76	89	78	243	6
002	方敏	86	74	87	247	5
003	葛良国	31	67	64	162	8
004	李罡	90	88	91	269	3
005	王斌	82	98	90	270	2
006	魏娟	79	97	85	261	4
007	喻芸	78	100	99	277	1
008	赵德福	56	84	86	226	7

图 4－10　排名结果

RANK 函数说明：

RANK()函数的格式为：RANK(number，ref，order)

功能是用来返回指定数字在一列数字中的排位。

其中参数“number”为待排序的数字；“ref”为一列数字；“order”用于指定排位的方式，若为 0 和空，降序；其他值，升序。

6. 条件格式应用

在图 4－12 的排名结果工作表中将 C2:E9 区域中不及格的分数设置为红色，加粗倾斜。

(1)选定 C2:E9 区域；

(2)单击“开始”选项卡，在“样式”组中单击“条件格式”按钮，在弹出的下拉列表中选择“管理规则”，弹出“条件格式规则管理器”对话框；

(3)在“条件格式规则管理器”对话框中单击“新建规则”按钮，弹出“新建格式规则”对话框；

(4)在“条件格式规则管理器”中的“选择规则类型”列表框中选择第二项“只为包含以下内容的单元格设置格式”；

(5)在“只为满足以下条件的单元格设置格式”区域中设置单元格的条件为“小于 60”；

(6)单击“格式”按钮，在弹出的“设置单元格格式”对话框中设置字体属性为加粗、倾斜、红色，设置结果如图 4－11 所示，最终设置结果如图 4－12 所示。

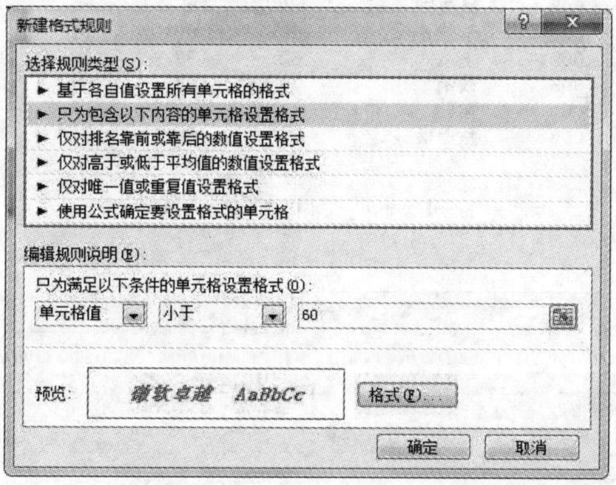

图 4－11 “条件格式”设置

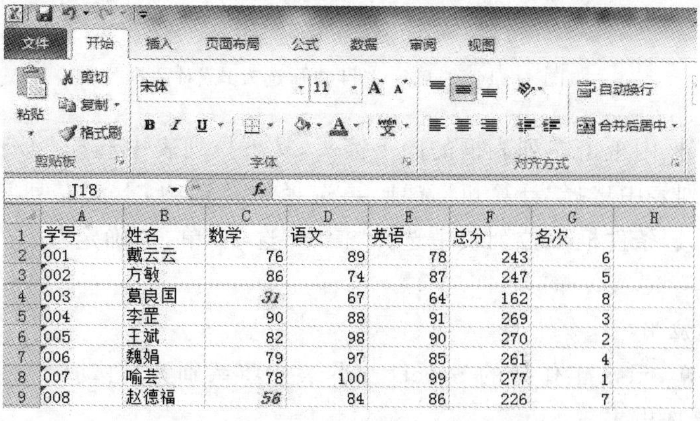

图 4－12 “条件格式”应用效果

7. 自动筛选应用

利用此功能，可以随时查看各类数据的明细和统计情况。

例如：筛选出系别为计算机或信息专业的学生。

(1)将光标移动到表中任一非空单元格，单击“开始”选项卡中“编辑”组中的“排序和筛选”命令，在弹出的菜单中选择“筛选”命令，这时在数据表中每个字段标志右端会出现自动筛选箭头，如图 4－13 所示；

(2)单击表头“系别”右边的筛选箭头，在弹出的下拉列表中选择“文本筛选”，在弹出的菜单中选择“自定义筛选”，弹出“自定义自动筛选方式”对话框，如图 4－14 所示；

图 4－13　“自动筛选”状态

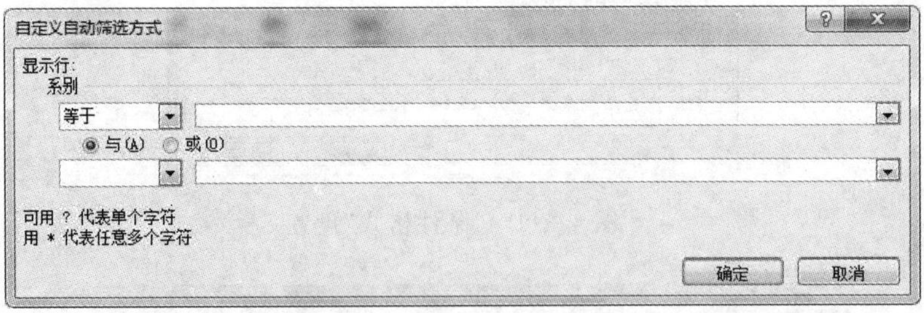

图 4－14　“自定义自动筛选方式”对话框

(3)在“系别”框内单击左列表框的向下箭头，从下拉列表中选择“等于”选项，在右边的筛选条件框下拉列表中选择“计算机”选项，再选择“或”选项，下面左列表框中选择“等于”选项，在右边的筛选条件框下拉列表中选择“信息”选项，单击“确定”按钮就可以了，如图 4－15 所示。

8. 高级筛选应用

在成绩表计算 .xlsx 工作簿的 Sheet1 工作表中将系别为“自动化”，并且“数学”成绩小于 80 分的学生筛选出来。

(1)建立条件区域。在数据表的上面插入 3 行，在第一行输入筛选条件所需的列标题

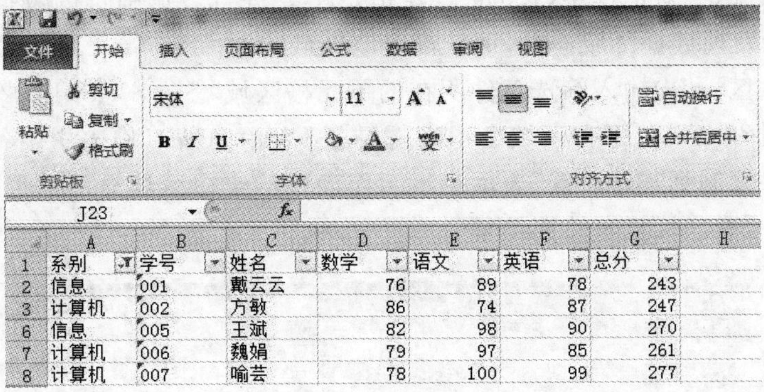

图 4-15　最终筛选结果

“系别”和“数学”;第二行输入筛选条件,在“系别”标题下输入“自动化”,在“数学”标题下输入“<80”,如图 4-16 所示。

图 4-16　建立“条件区域”

(2)单击数据表中任一非空单元格,在“数据”选项卡中单击“高级”按钮,弹出“高级筛选”对话框,如图 4-17 所示。

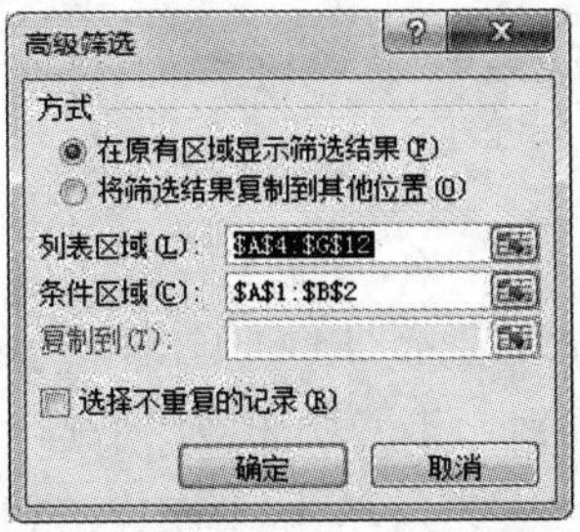

图 4-17　“高级筛选”对话框

(3)在“高级筛选”对话框中，Excel 已经指定了要进行数据筛选的数据区域“＄A＄4:＄H＄12”，如果发现数据区域不对，重新输入该区域。

(4)在“条件区域”中输入筛选条件所在的单元格区域“＄A＄1:＄B＄2”。

(5)方式选择中的“在原有区域显示筛选结果”表示隐藏工作表中不符合条件的数据行；“将筛选结果复制到其他位置”表示在本工作表中的空白区域显示筛选结果。图 4－18 中选择的是“在原有区域显示筛选结果”。

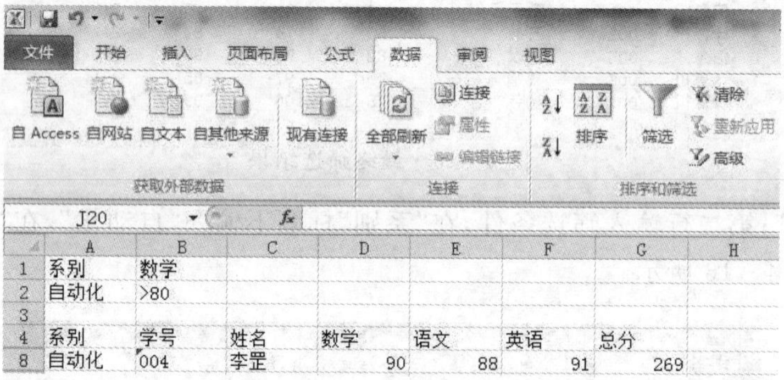

图 4－18　“高级筛选”结果

9. 分类汇总

对成绩表计算 . xlsx 工作簿的 Sheet1 工作表中的成绩按照系别进行分类汇总，汇总项为“数学、语文、英语”，汇总方式为“平均值”。

(1)先对“系别”列进行排序，如图 4－19 所示。

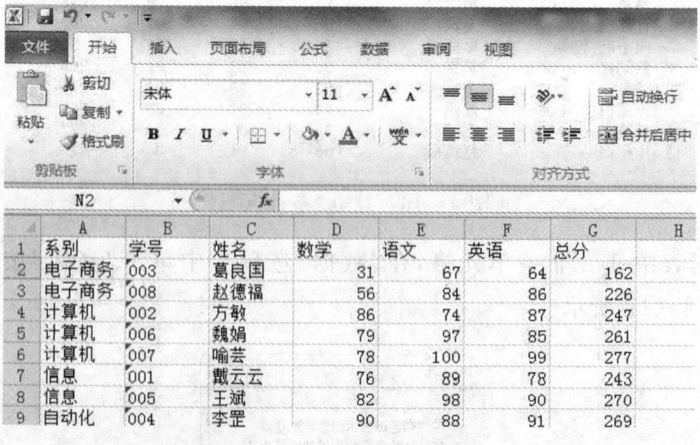

图 4－19　按系别进行排序

(2)单击“数据”选项卡，在“分级显示”组中单击“分类汇总”，弹出“分类汇总”对话框，在该对话框中设置分类字段为“系别”，汇总方式为“平均值”，在选定汇总项列表中选中“数学、语文、英语”前的复选框(如图 4－20)，单击“确定”按钮完成分类汇总。最终的汇总结果如图 4－21 所示。

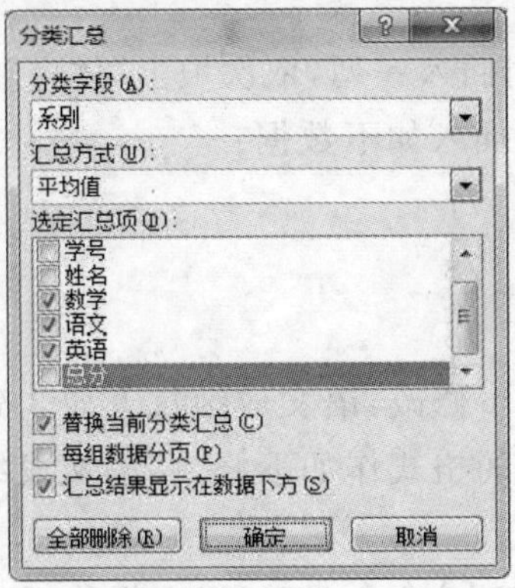

图 4-20　“分类汇总”对话框

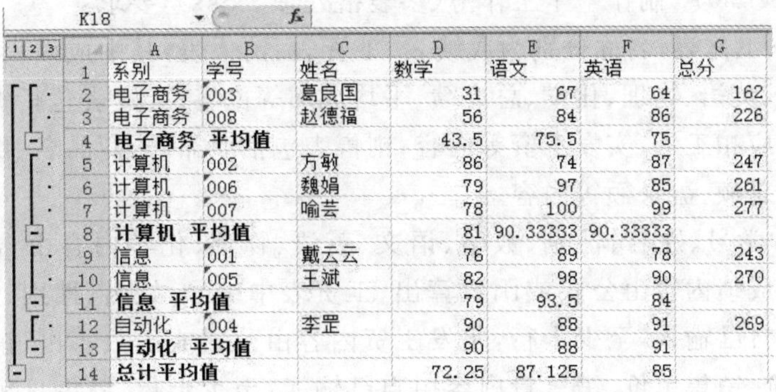

K18

	A	B	C	D	E	F	G
1	系别	学号	姓名	数学	语文	英语	总分
2	电子商务	003	葛良国	31	67	64	162
3	电子商务	008	赵德福	56	84	86	226
4	**电子商务 平均值**			43.5	75.5	75	
5	计算机	002	方敏	86	74	87	247
6	计算机	006	魏娟	79	97	85	261
7	计算机	007	喻芸	78	100	99	277
8	**计算机 平均值**			81	90.33333	90.33333	
9	信息	001	戴云云	76	89	78	243
10	信息	005	王斌	82	98	90	270
11	**信息 平均值**			79	93.5	84	
12	自动化	004	李罡	90	88	91	269
13	**自动化 平均值**			90	88	91	
14	**总计平均值**			72.25	87.125	85	

图 4-21　分类汇总结果

三、实训练习

1. 新建如下工作表，然后完成下列操作，完成后在自己的文件夹中把工作表保存到以“1.xlsx”为名的工作簿中。

	A	B	C	D	E	F	G	H	I	J
1	姓名	语文	数学	英语	计算机	总分	平均分			
2	王国民	82.5	78.0	85.5	78.0					
3	梅　丽	65.5	74.0	87.0	89.5					
4	刘洋行	78.5	83.5	65.0	76.0					
5	赵　凸	99.5	98.5	96.5	95.0					

① 用鼠标选定两个深色区域范围；

② 把上面选定的区域的数据清除；

③ 撤销第②步操作；

④ 在第 2 行与第 3 行之间插入一行，在“姓名”栏填上“郭海杰”，四科成绩分别为 67、

86、79、95；

⑤ 在第 E 列与第 F 列之间插入一列，依次填上“体育”、76、98、58、79、98；

⑥ 在第 3 行与第 4 行之间插入如下数据：

王　英	67	78	89	91	77
刘利平	77	88	99	66	78
赵鹏力	89	76	70	89	98

⑦ 把工作表中的数据作如下修改：语文成绩每人加 2 分，英语成绩每人减 3 分；

⑧ 把工作表中的各科成绩的格式作如下修改：语文成绩保留小数点后 2 位，英语成绩取消小数位；

⑨ 用“文件”菜单中的“另存为”命令，把经以上操作后的工作簿以“上机实验 33. xlsx”为名存在自己的文件夹中。

2. 使用 Excel 2010 制作一个工作簿（多表格处理 . xlsx），要求：

① 包括三张工作表，名称分别为成绩表、工资表、销售表，其中成绩表包括学号、姓名、性别、数学、语文、英语、物理、化学、总成绩、平均成绩等内容；工资表包括编号、姓名、性别、应发工资、奖金、应扣工资、实发工资等内容；销售表包括商品号、商品名、供应单价、销售单价、销售量、销售总额、盈余额等内容。

② 成绩表中学号、姓名、性别、数学、语文、英语、物理、化学内容由自己输入，至少十行，总成绩、平均成绩内容由公式或函数算出；工资表中编号、姓名、性别、应发工资、奖金、应扣工资内容由自己输入，至少十行，实发工资内容由公式或函数算出；销售表中商品号、商品名、供应单价、销售单价、销售量内容由自己输入，至少十行，销售总额、盈余额内容由公式或函数算出。

③ 在成绩表中使用柱形图图表表示不同学生的平均成绩高低；在工资表中使用折线图图表表示不同职工的实发工资高低；在销售表中使用饼图图表表示不同商品的盈余额高低。

④ 在该工作簿中插入第四张工作表，名称为“及格学生成绩表”，然后将成绩表中每科成绩均高于 60 分的同学记录复制到该工作表中；在该工作簿中插入第五张工作表，名称为“中高级职工工资表”，然后将工资表中应发工资高于 3000 元的职工记录复制到该工作表中；在该工作簿中插入第六张工作表，名称为“畅销商品销售表”，然后将销售表中销售量高于 1000 的商品记录复制到该工作表中。

⑤ 将成绩表中平均成绩高于 85 分的同学记录用“红色，隶书，加粗”字体表示；将工资表中实发工资高于 2000 元的职工记录用“红色，楷体，加粗”字体表示；将销售表中销售总额高于 10000 元的商品记录用“红色，黑体，倾斜”字体表示；将“及格学生成绩表”中总成绩高于 400 分的同学的总成绩用“绿色，加粗”字体表示；将“中高级职工工资表”中实发工资高于 5000 元的职工的实发工资用“绿色，加粗”字体表示；将“畅销商品销售表”中销售量高于 5000 的商品的销售量用“绿色，倾斜”字体表示。

⑥ 在该工作簿中再插入三张工作表，分别将成绩表、工资表、销售表的内容复制到这三张工作表中；分别命名为“排序成绩表”、“排序工资表”、“排序销售表”；然后在排序成绩

表中按总成绩从高到低排序，在排序工资表中按实发工资从高到低排序，在排序销售表中按盈余额从高到低排序。

3. 处理如下 Excel 成绩表，要求评定学生等级（见下表）：

学号	姓名	语文	数学	英语	数据库	电脑	德体综合分	文化技能课总分	文化技能课平均分	等级
1	区加林	85	76	54	60	56	88	331	66.2	
2	谢楠	92	90	71	89	76	77	418	83.6	
3	曹小妹	89	72	63	69	65	74	358	71.6	
4	黄鑫	98	97	95	82	98	95	470	94.0	
5	罗莎莎	77	47	40	45	39	76	248	49.6	

评定等级的条件是：

① 文化技能课平均分不低于 90 分且德体综合分不低于 80 分，评为“优”。

② 文化技能课平均分为 80 分及以上，90 分以下且德体综合分不低于 60 分，评为“良”。

③ 文化技能课平均分为 60—80 分且德体综合分不低于 60 分，或文化技能课平均分为 90 分以上但德体综合分低于 60 分，评为“中”。

④ 若文化技能课平均分低于 60 分或德体综合分低于 60 分，评为“差”。

4. 请计算下表中每位同学的总分（各科分数与“优秀班级奖励分”之和）。

姓名	语文	数学	英语	数据库	总分
区加林	85	76	54	60	
谢楠	92	90	71	89	
曹小妹	89	72	63	69	
黄鑫	98	97	95	82	
罗莎莎	77	47	40	45	
优秀班级奖励分	5				

5. 制作如下表格，并按要求完成题目。

姓名	专业	英语	政治	专业课	总成绩	排名
刘生七	新闻	82	50	84		
罗二阁	计算机应用	70	65	82		
付一戈	财务会计	72	58	80		
于　萍	经济法	45	60	80		
侯月茹	新闻	60	55	81		
李振南	计算机应用	58	70	79		
周　磊	财务会计	46	64	80		

(1)计算总成绩,并填入到“总成绩”列,利用RANK()函数完成“排名”列;

(2)以“总成绩”标准进行“降序”排序;

(3)在题目工作表中筛选出数据清单中“英语60分以上(含60分)新闻专业”的考生记录,将筛选结果粘贴到A16单元格。

6. 建立如下图所示“自动筛选 . xlsx”工作簿,按下面要求进行操作。注意三种筛选结果的区别。

教师基本情况统计表

序号	姓名	性别	出生年月	年龄	党派	学历	职称	基本工资
1	郑含因	女	1942-10-19	56	九三	硕士	教授	455.00
2	李海儿	男	1963-6-3	36	中共	硕士	副教授	305.00
3	陈静	女	1966-8-18	33	无	硕士	讲师	225.00
4	王克南	男	1961-8-26	37	民进	博士	讲师	245.00
5	钟尔慧	男	1962-12-11	36	中共	硕士	讲师	265.00
6	卢植茵	女	1965-6-20	34	无	学士	讲师	205.00
7	林寻	男	1948-8-17	51	民盟	硕士	副教授	335.00
8	李禄	男	1945-4-24	54	中共	硕士	副教授	305.00
9	吴心	女	1964-7-29	35	无	博士	讲师	245.00
10	李伯仁	男	1946-3-30	53	中共	博士	副教授	335.00
11	陈醉	男	1959-11-15	39	中共	学士	讲师	265.00
12	马甫仁	男	1965-5-4	34	无	学士	讲师	205.00
13	夏雪	女	1963-4-16	36	中共	学士	讲师	245.00
14	钟成梦	女	1953-12-18	45	民盟	硕士	副教授	305.00
15	王晓宁	男	1954-11-11	44	中共	硕士	教授	425.00
16	魏文鼎	男	1970-7-13	29	无	博士	助教	190.00
17	宋成城	男	1960-10-21	38	中共	博士	副教授	275.00
18	李文如	女	1955-10-16	43	民革	硕士	副教授	275.00
19	伍宁	女	1968-12-14	30	中共	博士	助教	190.00
20	古琴	女	1962-1-13	37	无	硕士	讲师	245.00

分别将本工作表中的所有数据复制到Sheet2、Sheet3、Sheet4工作表中,然后按如下要求进行操作:

(1)筛选出“职称”为副教授的所有记录;

(2)筛选出“职称”为副教授、“性别”为“男”的所有记录;

(3)筛选出“基本工资”大于250与小于或等于400的职工。

7. 制作如下表格,并按要求完成题目。

姓名	专业	英语	政治	专业课	体育
刘生七	新闻	82	50	84	78
罗二阁	计算机应用	70	65	82	56
付一戈	财务会计	72	58	80	89
于　萍	经济法	45	60	80	65
侯月茹	新闻	60	55	81	45
李振南	计算机应用	58	70	79	80
周　磊	财务会计	46	64	80	56
吴清月	生物化学	30	50	79	73
张兮兮	计算机软件	56	55	64	67

(1)将“英语”和“政治”成绩同时不及格的学生数据保存到sheet2工作表中;

(2)将“英语”或者“政治”成绩不及格的学生数据保存到sheet3工作表中。

8. 制作下表,并完成下列练习题。

销售表				
商品名称	型号	1 月销售额	2 月销售额	三月销售额
电冰箱	2128S	3478	8972	3621
电冰箱	K2301	2376	7843	3420
电视机	J345K	378	493	689
电视机	W500C	8923	7822	5321
电视机	V50A	8952	7609	4620
空调机	2503A	7010	7025	4325
空调机	2504D	7812	7221	7701
微波炉	2901A	7110	9354	3254
微波炉	2902D	7381	6522	8341
洗衣机	K234E	8740	6458	7650

(1)将表格标题合并居中,字体设为红色、宋体、15 号,加黄色底纹;
(2)将 A2:E2 和 A2:A9 区域字体设为蓝色宋体、14 号、水平居中、绿色底纹;
(3)表格其余部分加绿色底纹,所有表格加黑色双线边框;
(4)按"商品名称"建立各月份数据的求和汇总表,使表中仅显示汇总数据;
(5)将此工作表(即 sheet1)重命名为"销售表";
(6)将工作表 sheet3 移动到最前头;
(7)以商品名称为横坐标,各月销售额为图例,绘制一簇状柱形图,标题为"汇总图";
(8)设置坐标轴最大刻度为 20000,主要刻度单位为 4000;
(9)图表区底纹为黄色;
(10)绘图区的底纹为预设中的"薄雾浓云"图案(如果找不到可用其他样式)。

9. 制作下表,并完成下列题目。

四年级四班成绩表					
姓名	学号	语文	数学	英语	总分
李萌	01	80	85	85	
李娟	02	80	75	95	
蔡倩	03	60	50	95	
花井	04	98	90	65	
何姿	05	88	97	78	

(1)计算总分,所有内容居中对齐;
(2)排序:设置主要关键字为总分,按降序排列;次要关键字为学号,按升序排列;
(3)总分后插入一列,求得名次。

实训五 PowerPoint 2010 基础应用

一、实训目的与要求

1. 学会自定义建立演示文稿的方法。
2. 学会演示文稿的修饰美化和格式化方法。
3. 掌握幻灯片的动画技术。
4. 学会放映演示文稿。

二、实训内容

1. 建立、修饰演示文稿

(1)新建一个空的演示文稿作为封面,选择“设计”窗格中的“波形”主题,插入星和旗帜的横卷型,在幻灯片上面画出该图形并添加标题“项目介绍”,并在其下插入一剪贴画。

第一张幻灯片插入空白“标题”幻灯片,输入基本信息,例如,项目名称、主管人、完成时间、主管部门等。

第二张幻灯片插入空白“标题与内容”幻灯片,输入项目实施的方案。

(2)设置演示文稿外观

为所建立的技术报告演示文稿设置日期和时间、页脚和幻灯片编号;使演示文稿中所显示的日期和时间会随着日历的变化而改变,字号为 20 磅。

将演示文稿中的标题改用艺术字形式。

2. 幻灯片的动画和超链接技术

(1)幻灯片内动画设计

建立“项目介绍”演示文稿内幻灯片中的“项目名称”部分,在前一事件结束后采用左上角飞入的动画效果。其余幻灯片中的文本一条一条地从底部切入显示。

设置幻灯片间切换效果。

使建立的演示文稿内各幻灯片间的切换效果分别采用水平百叶窗、溶解、盒状展开、随机等方式。设置切换速度为快速。换页方式可以通过单击鼠标或定时 2s。

动作设置。

插入一新的幻灯片并输入文字“计算器”,进行动作设置,使鼠标单击该文字时可启动“计算器”程序。

(2)放映演示文稿

分别设置前面建立的演示文稿放映方式为“演讲者放映”、“观众自行浏览”、“在展台放映”及“成循环放映方式”。

3. 综合操作

首先，请完成如下操作：

(1)把如图 5－1 所示的幻灯片切换设为垂直百叶窗，中速。

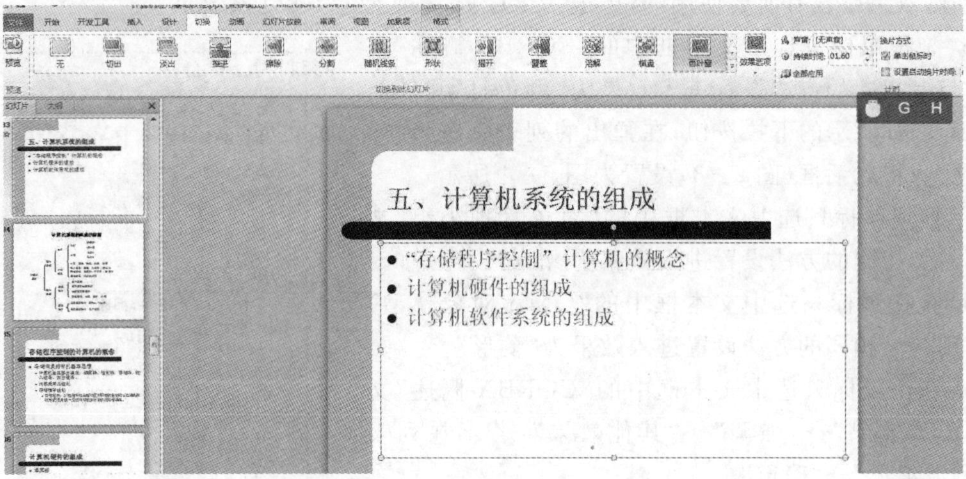

图 5－1　设置幻灯片大小及方向

(2)把幻灯片页面设置为屏幕大小，幻灯片方向为横向。

其次，设置动画效果：

(1)题目要求

① 将首页标题文本的动画方案设置成系统自带的"向内溶解"效果；

② 针对第二页幻灯片，按顺序(即播放时按照 a－＞h 的顺序播放)设置以下的自定义动画效果：

a. 将标题内容"主要内容"的进入效果设置成"棋盘"；

b. 将文本内容"CORBA 概述"的进入效果设置成"颜色打字机"，并且在标题内容出现 1 秒后自动开始，而不需要鼠标单击；

c. 将文本内容"对象管理小组"的进入效果设置成"滑翔"；

d. 将文本内容"OMA 对象模型"的进入效果设置成"菱形"；

e. 将文本内容"CORBA 概述"的强调效果设置成"波浪形"；

f. 将文本内容"CORBA 概述"的动作路径设置成"向右"；

g. 将文本内容"OMA 对象模型"的退出效果设置成"折叠"；

h. 在页面中添加"前进"与"后退"的动作按钮，当点击按钮时分别跳到当前页面的前一页与后一页，并设置这两个动作按钮的进入效果为同时"飞入"。

(2)操作步骤

① 在首页标题文本"CORBA 技术介绍"内右击(或使其处于选定状态后右击)→"自定义动画"→在右端"自定义动画"窗格中选择"添加效果"→"进入"→"向内溶解"。(调出"自定义动画"窗格也可以通过菜单栏"幻灯片放映"→"自定义动画"实现)

② 对第二张幻灯片进行如下操作：

a. 在第二张幻灯片中标题“主要内容”内右击(或使其处于选定状态后右击)→“自定义动画”→在右端“自定义动画”窗格中选择“添加效果”→“进入”→“棋盘”。如果最近使用过的动画效果中没有所要使用的，可进一步点击“其他效果”找到该效果。

b. 拖拽鼠标只选中文本框中的“CORBA 概述”文字，用与上相同的方法设置进入效果为“颜色打印机”→单击图 5－2 所示的下拉按钮，在弹出的列表中选择“效果选项”→将对话框(图 5－3)设置为图 5－4 所示。

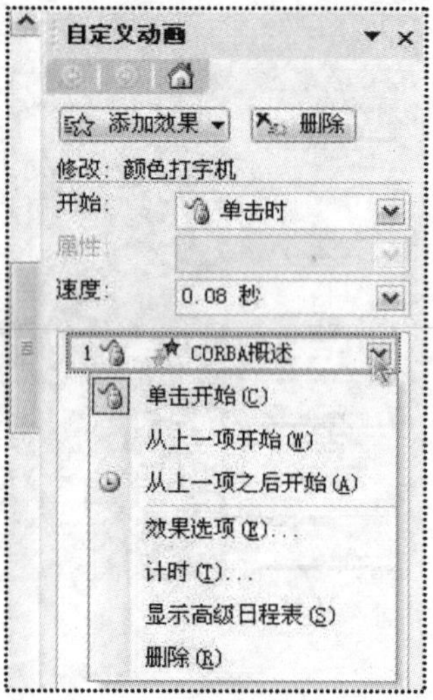

图 5－2

c. 拖拽鼠标只选中文本框中的“对象管理小组”文字，用与上相同的方法设置进入效果为“滑翔”。

d. 拖拽鼠标只选中文本框中的“OMA 对象模型”文字，用与上相同的方法设置进入效果为“菱形”。

e. 拖拽鼠标只选中文本框中的“CORBA 概述”文字→“添加效果”→“强调”→“其他效果”(若不在列表内)→“波浪形”→“确定”。

f. 确认“CORBA 概述”文字被选中→“添加效果”→“动作路径”→“向右”→“确定”。

g. 拖拽鼠标只选中文本框中的“OMA 对象模型”文字→“添加效果”→“退出”→“其他效果”(若不在列表内)→“折叠”→“确定”。

图 5－3

图 5－4

h－1. 点击菜单栏中的“幻灯片放映”→“动作按钮”→选择“前进或下一项”→在第二页幻灯片的空白处拖拽出一个按钮图形→确认超链接的位置是“下一张幻灯片”后点击“确定”按钮。

h－2. 用同样的方法添加一个“后退或前一项”动作按钮(注意超链接的位置是“上一张幻灯片”)。

h－3. 按住 Shift 键将这两个动作按钮一并选中→“添加效果”→“进入”→“飞入”。

添加动作按钮也可以借助“绘图”工具栏中的“自选图形”→“动作按钮”来实现。如果绘图工具栏没有出现在 PPT 应用程序窗口的下方，可以通过菜单栏中的“视图”→“工具栏”→“绘图”调出(也可以通过在菜单栏右端空白处右击调出)。

第三,设置幻灯片切换效果:

(1)题目要求:按下面要求设置幻灯片的切换效果。

① 设置所有幻灯片之间的切换效果为“垂直百叶窗”;

② 实现每隔 5 秒自动切换,也可以单击鼠标进行手动切换。

(2)操作步骤:

① 在菜单栏中选择“切换”→“百叶窗”→“效果”选项→“垂直”→再点击“全部应用”选项。

② 将右窗格下方的“每隔”复选按钮选中→调整时间间隔为 5 秒(图 5 - 5)→再点击“应用于所有幻灯片”按钮。

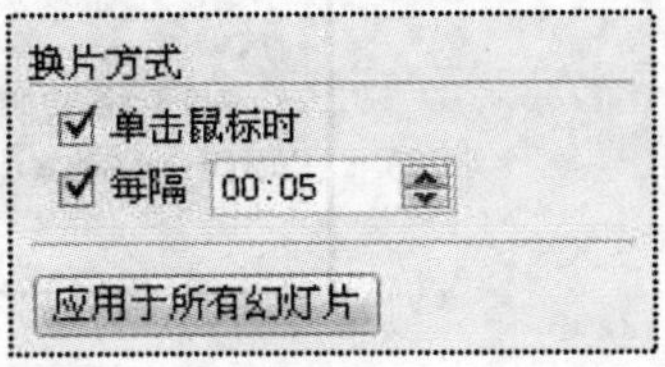

图 5 - 5

第四,设置放映效果示例:

(1)题目要求:按下面要求设置幻灯片的放映效果。

① 隐藏第四张幻灯片,使得播放时直接跳过隐藏页;

② 选择前三页幻灯片进行循环放映。

(2)操作步骤:

① 在左窗格中右击第四张幻灯片→在快捷菜单中选择“隐藏幻灯片”,能够看到其左上角的编号上多出了一个斜线(表示该幻灯片在放映时不被显示)。

② 点击菜单栏中的“幻灯片放映”→“设置放映方式”→将弹出的“设置放映方式”对话框(图 5 - 6)设置成图 5 - 7 所示→点击“确定”。

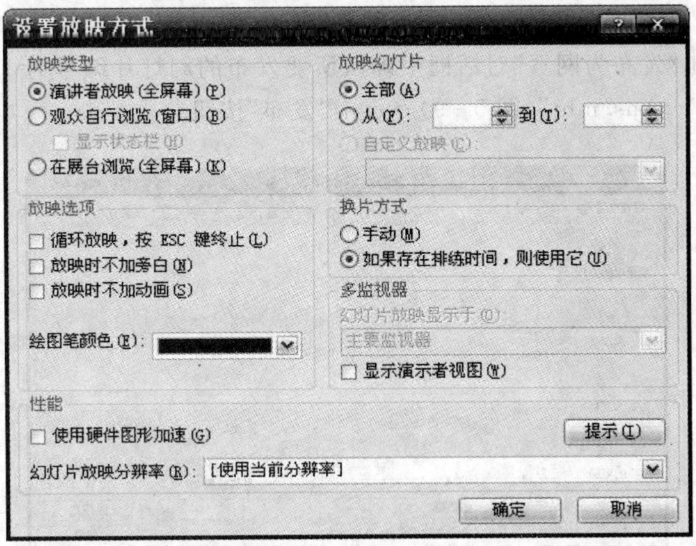

图 5 - 6

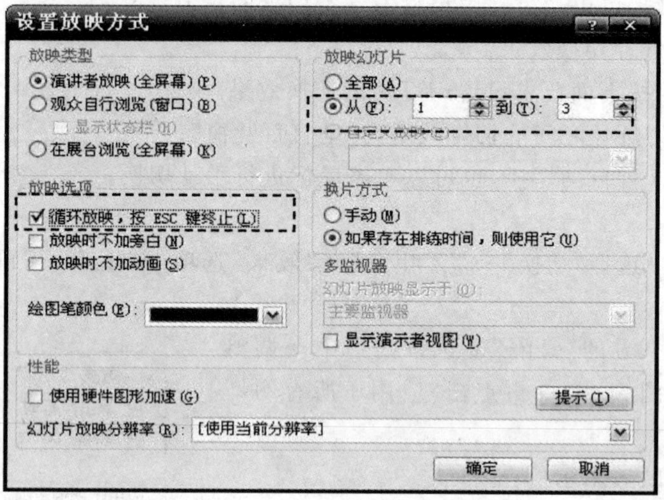

图 5-7

第五，演示文稿的输出：

(1)题目要求：按下列要求对演示文稿进行输出。

① 将演示文稿的前三页发布为 WEB 页；将其保存到指定路径（考生文件夹）下，命名为“DPPT－Ans. mht”。

② 将演示文稿打包成 CD，将 CD 命名为“我的 CD 演示文稿”，并将其复制到指定路径（考生文件夹）下，文件夹名与 CD 命名相同。

注意保存路径是否正确，否则将作未答处理。

(2)操作步骤

① 在“文件”下拉菜单中选择“另存为网页”弹出“另存为”对话框（图 5-8）→点击“发布”按钮→在弹出“发布为网页”对话框中确认所要发布的幻灯片编号为 1 到 3→修改网页文件名为“DPPT－Ans. mht”（图 5-9）→点击“发布”按钮。

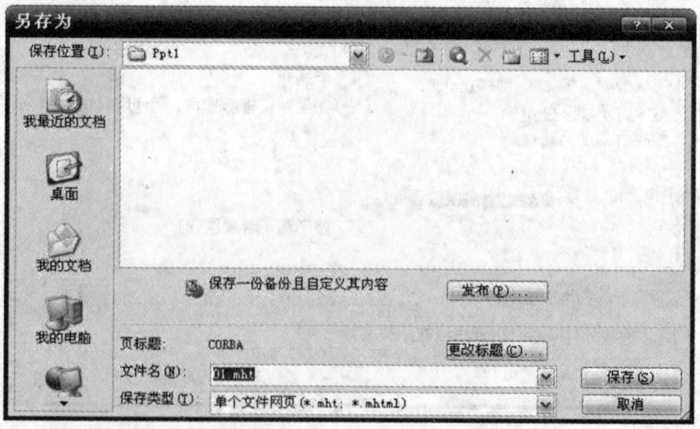

图 5-8

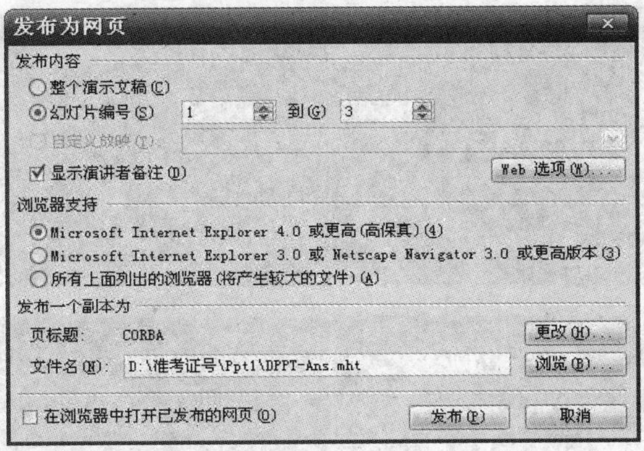

图 5－9

② 在“文件”下拉菜单中选择“打包成 CD”弹出“打包成 CD”对话框→将 CD 命名为“我的 CD 演示文稿”(图 5－10)→点击“复制到文件夹”按钮弹出“复制到文件夹”对话框(图 5－11)→点击“浏览”按钮找到以自己的准考证号命名的文件夹,使“复制到文件夹”对话框呈图 5－12 样式→点击“确定”开始发布→最后点击“关闭”按钮关闭“打包成 CD”对话框。

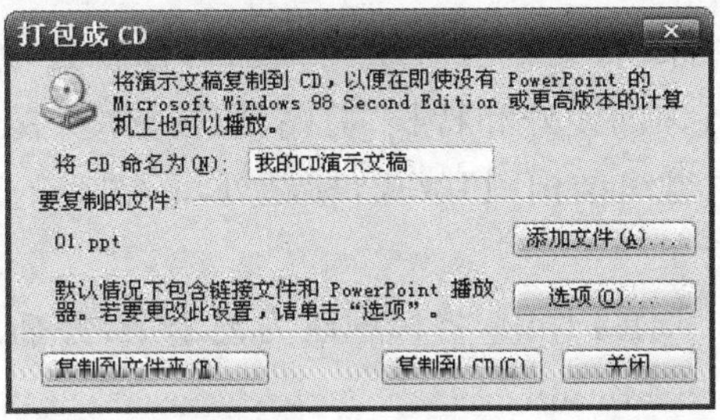

图 5－10

图 5－11

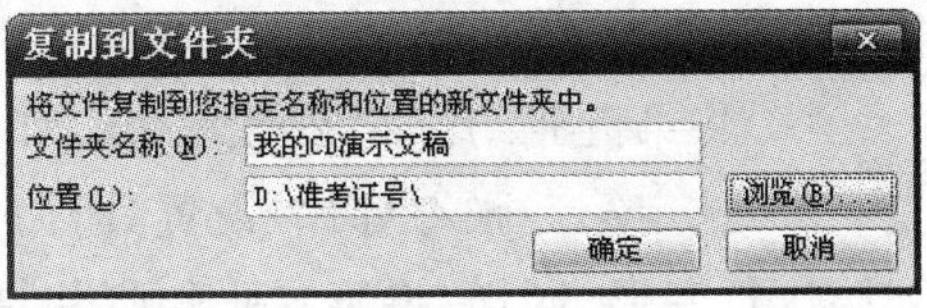

图 5－12

最后,运行一下该演示文稿的 .exe 文件,对比检查一下有什么地方还有问题并及时更正。还应检查一下发布的文件夹中是否有发布后的相关文件。

三、实训练习

1. 建立如下图所示的具有四张幻灯片的自我介绍演示文稿,并将演示文稿以“自我介绍 .PPT”保存。

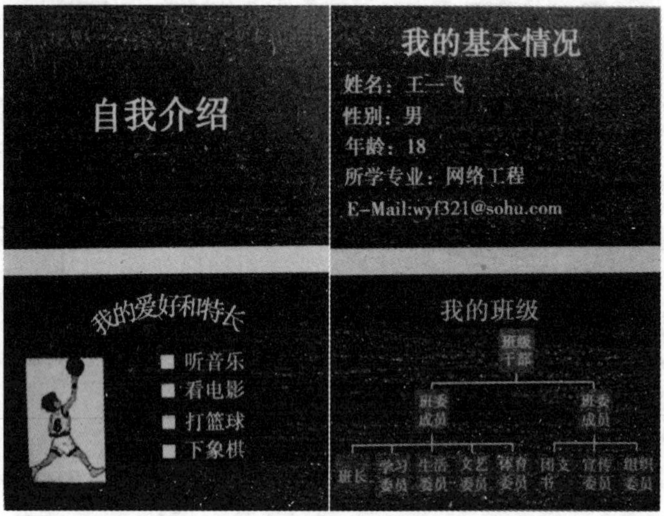

(1)制作要求如下：

① 第一张幻灯片采用“标题幻灯片”版式，标题处填入“自我介绍”。

② 第二张幻灯片采用“标题和文本”版式，标题处填入“我的基本情况”，文本处填入相应的信息。

③ 第三张幻灯片采用“标题、文本与剪贴画”版式，标题处填入“我的爱好和特长”；文本处以简明扼要的文字填入你的爱好和特长；剪贴画选择你所喜欢的图片或你的照片。

④ 第四张幻灯片采用“组织结构图”版式，标题处填入“我的班级”，将班级干部以组织结构图的形式呈现出来。

(2)在“我的爱好和特长”幻灯片中，将标题改为艺术字，并插入声音。

2. 打开演示文稿“自我介绍 . ppt”：

(1)在第一张幻灯片后插入一张新的幻灯片“我的学校”，对学校做简单介绍，并插入一张剪贴画，在第五张幻灯片后插入一张新的幻灯片“我的宿舍”，对宿舍成员做简单介绍，并插入一张图片。

(2)将第五张幻灯片和第六张幻灯片的次序进行调换，其他幻灯片不变。

(3)选定第一张幻灯片，设置其背景填充效果“渐变”形式为预设“雨后初晴”斜上第二列第二行变形；同样，将第二张幻灯片设置为“碧海晴天”的“从标题”形式；第三张幻灯片设置为图片。将第三张幻灯片的配色方案应用自定义配色方案，其中标题为红色，文本和线条为黄色。

(4)设置幻灯片母版，为演示文稿添加日期和时间，在每个页面底部居中显示“王一飞的自我介绍”，页面底部右对齐显示幻灯片编号。

3. 打开演示文稿“自我介绍 . ppt”。

(1)设置第一张幻灯片的动画切换效果为“盒状展开”，速度为“中速”；第二张为“水平百叶窗”，速度为“快速”，添加“打字机”声音；第三张为“溶解”，速度为“慢速”，声音为“鼓掌”。

(2)将第四张幻灯片中的标题文字设置其为从顶部慢速飞入动画效果,图片设置进入动画效果:方向为“自右侧”,速度为“中速”。将第六张幻灯片中的图片设置强调动画效果:“陀螺旋”,数量为“旋转两周”,速度为“快速”。

(3)在第一张幻灯片后插入一张新的“标题和文本版式”幻灯片,其中,标题占位符内输入“具体如下:”,文本占位符内分别输入后面几张幻灯片的标题文字并且将输入的文字分别链接到相应的幻灯片上。将第二张幻灯片的 E－Mail 地址设置超链接。

(4)将第二张至第六张幻灯片分别添加动作按钮:“上一页”、“下一页”,单击鼠标时分别到达上一页或下一页。为第七张幻灯片添加动作按钮:“返回”,鼠标移过时退至第一页。

(5)设置演示文稿为自定义放映方式,只放映第 1、2、3、5 张幻灯片。

实训六　计算机网络与 Internet

一、实训目的与要求

1. 学会从 Internet 上获取信息的基本方法。
2. 学会用 IE 浏览器浏览网页。
3. 掌握电子邮箱的申请。
4. 学会使用 IE8 收发邮件的方法。
5. 掌握 360 杀毒软件与 360 安全卫士的使用。

二、实训内容

1. 网上浏览

(1)双击桌面上的“浏览器”图标，就可启动 IE 浏览器，在地址栏中输入想要浏览的网址如：http://www.qq.com，按 Enter 键或单击“转到”按钮，显示结果如图 6－1 所示。

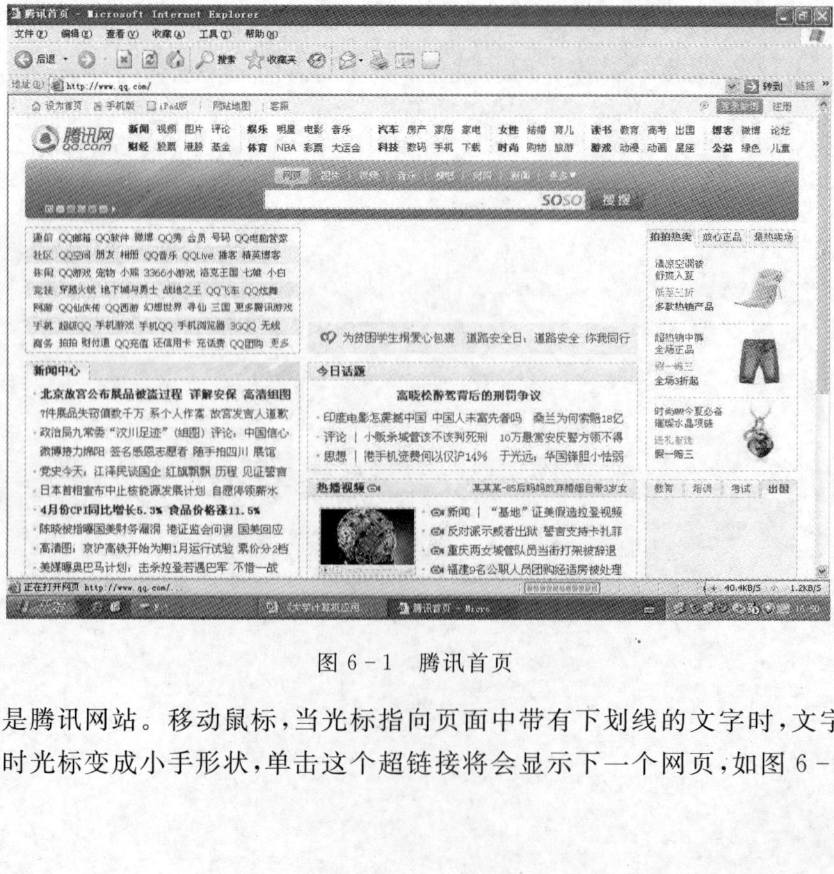

图 6－1　腾讯首页

(2)这是腾讯网站。移动鼠标，当光标指向页面中带有下划线的文字时，文字颜色会发生变化，同时光标变成小手形状，单击这个超链接将会显示下一个网页，如图 6－2 所示。

图 6-2　QQ 软件页面

(3)这是腾讯的 QQ 软件页面，通过图 6-2 页面中的超链接可一步步地浏览其他网页的内容，了解 QQ 软件的情况。

(4)如果单击超链接以后，又想回到刚才的网页怎么办呢？最简单的办法是单击浏览器窗口上面工具条里的“后退”按钮就可以回到刚才的网页，而且可以多次单击“后退”按钮，一直回到最开始打开的网页。与“后退”按钮对应，工具条上还有“前进”按钮，这个功能可以让我们“后退”后再按刚才的顺序依次显示网页，一直到打开过的最后一个网页，如图 6-3 所示。

图 6-3　浏览器工作条

(5)如果很喜欢当前浏览的网页，可以把这些地址收集到收藏夹中，以后可以方便地从收藏夹中选取网址进行访问而不必再次输入地址。单击“收藏”→“添加到收藏夹”菜单命令，弹出“添加到收藏夹”对话框，如图 6-4 所示。单击“确定”按钮完成收藏过程。或者把鼠标放到地址栏图标上，当鼠标变成小手时，按住鼠标左键拖动到工具栏中的“收藏夹”也可。

(6)当下载网页时，如果网络传输速度过慢或者页面的信息量很大，为避免等待时间过长，可单击“停止”按钮或按 Esc 键停止传送。

(7)如果希望每次打开浏览器时进入腾讯主页，可将其设置为浏览器的主页。单击“工

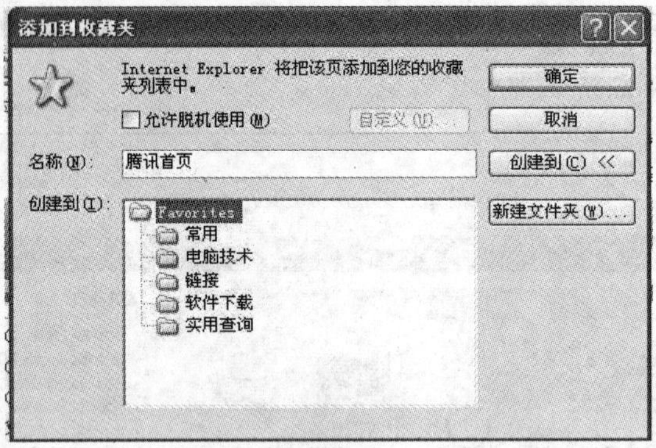

图 6－4 “添加到收藏夹”对话框

具”→“Internet 选项”菜单命令，弹出“Internet 选项”对话框，如图 6－5 所示。在地址栏中输入“http://www. qq. com”，单击“确定”按钮完成设置。或者在打开网页后单击“工具”→“Internet 选项”菜单命令，弹出“Internet 选项”对话框→单击“使用当前页”按钮也可。

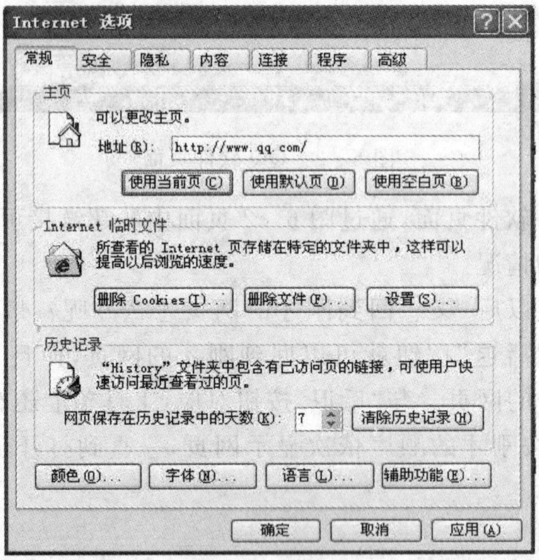

图 6－5 主页设置

2. 电子邮件

(1)申请免费 E－mail

① 打开 IE 浏览器，地址栏输入 www. 126. com 或通过搜狐首页(www. sohu. com)也可以进入中国最大的免费邮箱申请网站 126 网易免费邮，如图 6－6 所示。

② 单击主页中 立即注册 按钮进入注册页面，如图 6－7 所示。

③ 按页面提示输入用户名、密码等必填信息(带红色星号的选项)。在“验证码”文本框中输入当前页面给出的字符，选中“我已阅读并接受服务条款”复印框，单击“创建账号”，如图 6－8 所示。

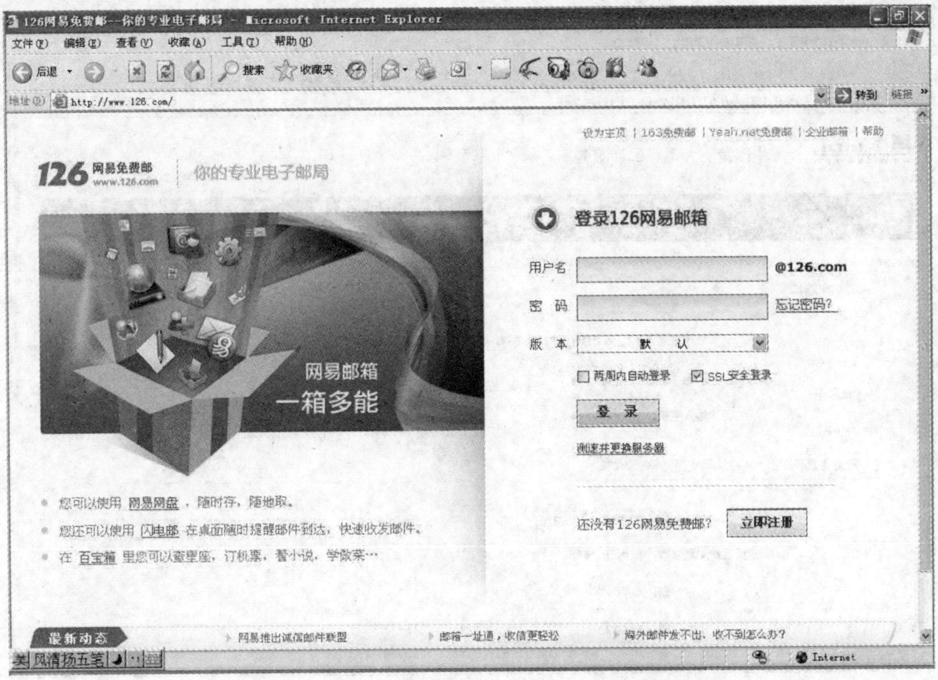

图 6-6　126.com 的免费邮箱申请主页

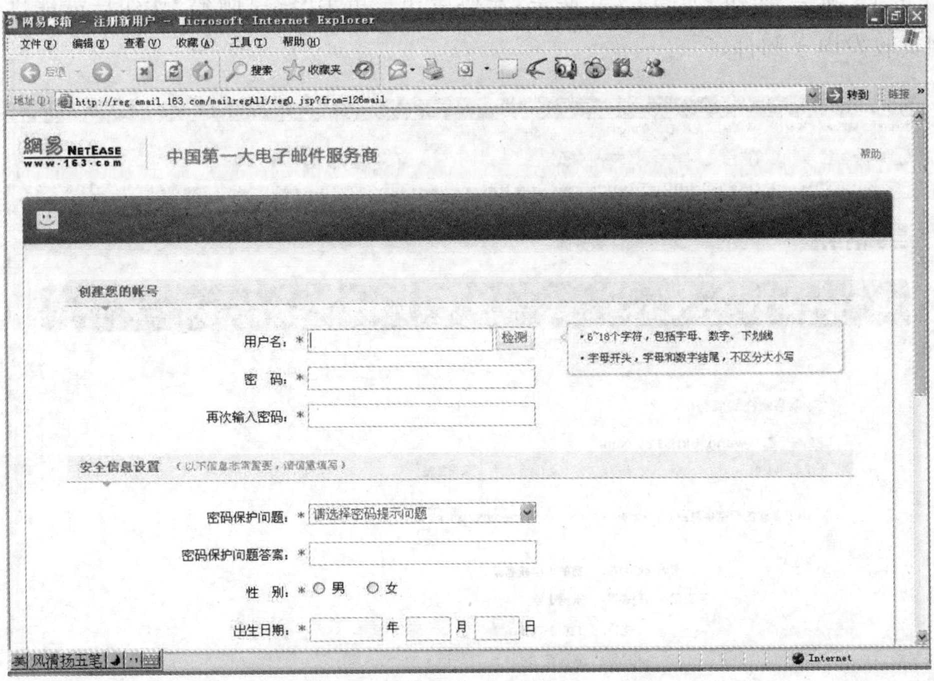

图 6-7　注册用户

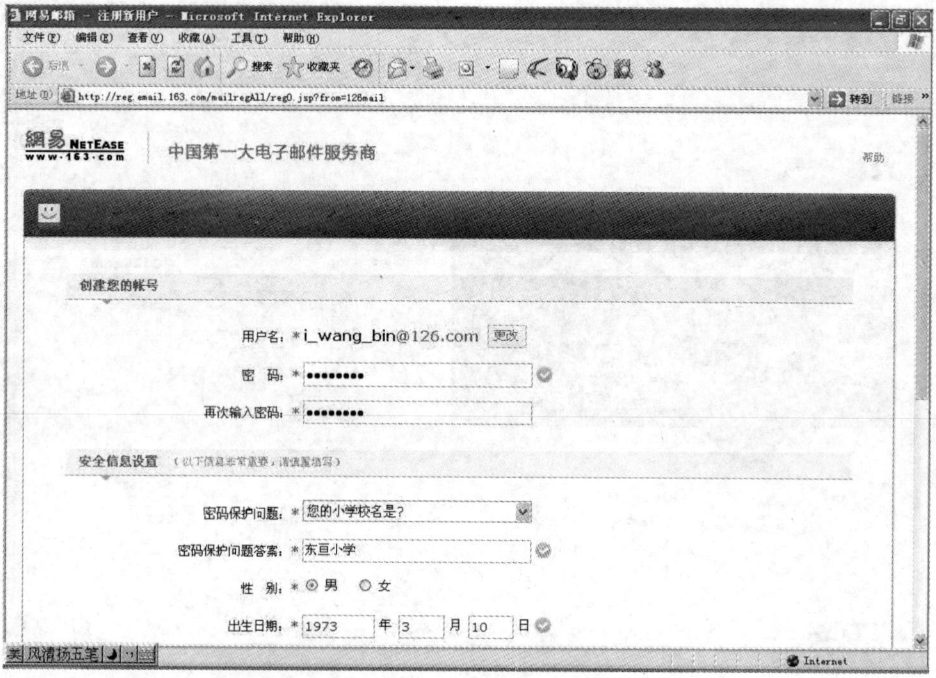

图 6-8　注册邮箱

④ 单击“确定”按钮，如图 6-9 所示，注册成功。单击“登录邮箱”按钮后就能进入邮件服务网页收发电子邮件了。

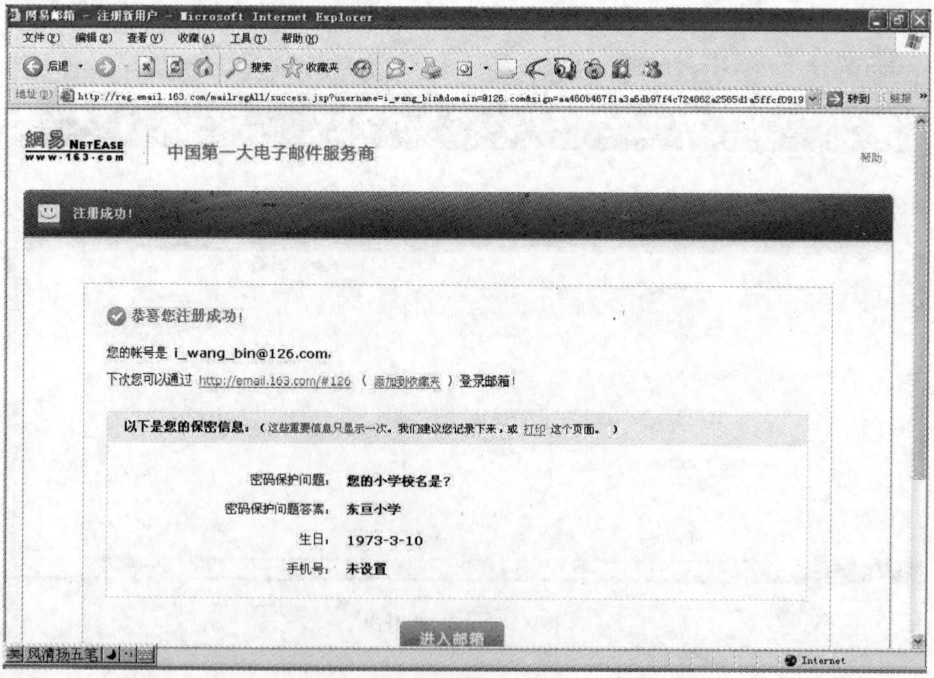

图 6-9　申请成功

(2)用浏览器收发邮件

① 启动 IE 浏览器,在地址栏中输入“http://www.126.com”进入登录邮箱页面,如图 6－6 所示;在“用户名”文本框中输入已申请到的邮箱名,如 hyang1989,在“密码”文本框中输入密码,单击“登录”按钮后进入邮件服务网页,如图 6－10 所示。

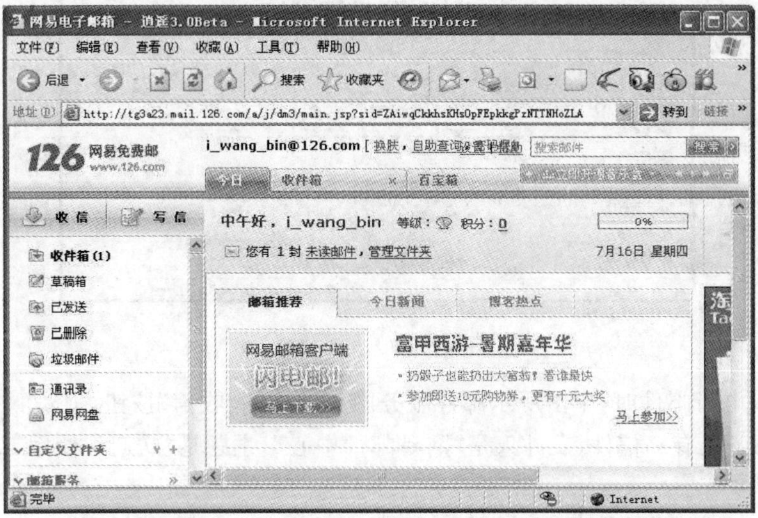

图 6－10　邮件服务网页

② 要发送电子邮件时,单击图 6－10 所示邮件服务网页上的“写信”按钮,进入下一页面,如图 6－11 所示。

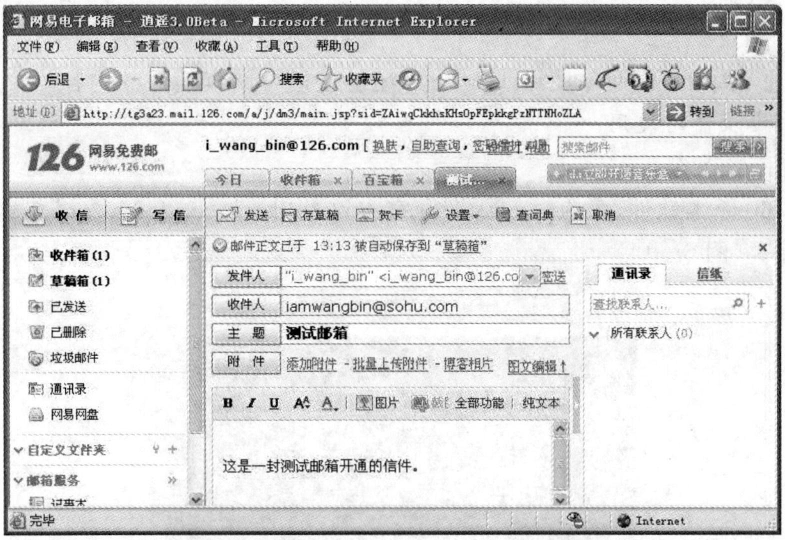

图 6－11　写信页面

③ 分别在“收件人”、“抄送”(如果需要)、“密送”(如果需要)文本框中输入收件人的邮箱地址,在“主题”文本框中输入信件的主题,在“邮件正文”文本框中输入信件内容。检查

无误后单击“发送”按钮，发送成功后如图 6－12 所示。

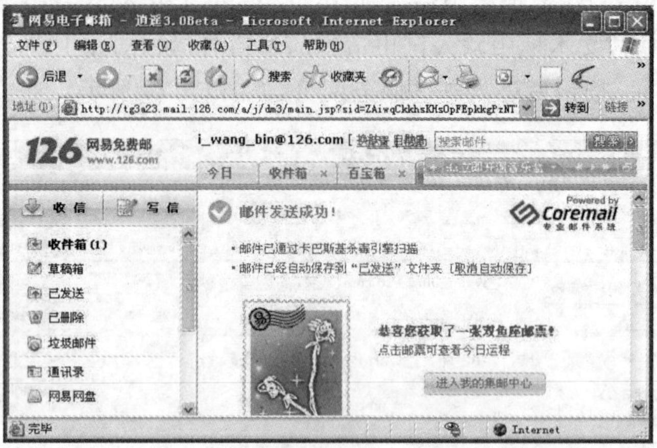

图 6－12　发送成功

④ 要收取电子邮件时，单击所示邮件服务网页上面的“收信”按钮，进入下一页面如图 6－13 所示。这时可见有一信件，发件人是“网易邮件中心”，主题是“欢迎你使用 126……”。

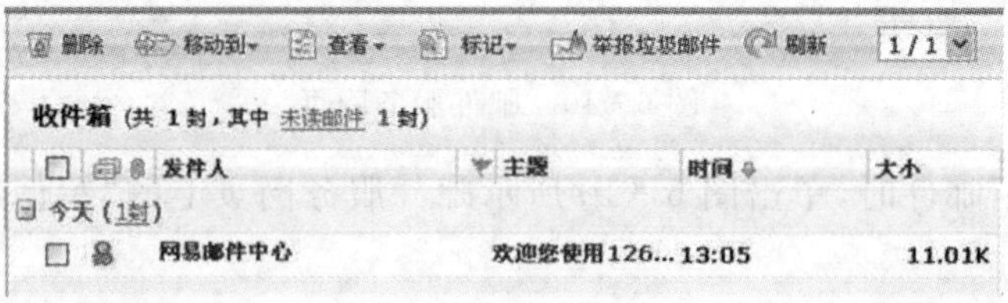

图 6－13　看信页面

⑤ 单击主题中的“欢迎你使用 126……”超链接即可阅读信件的内容。

3. 360 杀毒软件的使用

(1)安装

要安装 360 杀毒软件，可通过 360 杀毒官方网站“http://sd.360.cn”下载最新版本的 360 杀毒软件。(图 6－14)

图 6－14　360 杀毒软件下载界面

① 点击如图 6－14 所示的“正式版”按钮，下载 360 杀毒软件。下载完成后，运行下载的安装程序，点击“下一步”，阅读许可协议，点击“我接受”，然后单击“下一步”，如果不同意许可协议，点击“取消”将退出安装。

② 可以选择将 360 杀毒安装到哪个目录下，建议按照默认设置即可。也可以点击“浏览”按钮选择安装目录，然后单击“下一步”。

③ 在出现的窗口中，输入想在开始菜单显示的程序组名称，然后点击“安装”，安装程序开始复制文件。

④ 文件复制完成后，会显示安装完成窗口。点击“完成”，360 杀毒软件就已经成功地安装到计算机上了。

(2)卸载

① 从 Windows 的开始菜单中，点击“开始→程序→360 杀毒”，点击“卸载 360 杀毒”菜单项。

② 360 杀毒询问是否要卸载程序，点击“是”开始进行卸载。卸载程序会开始删除程序文件。在卸载过程中，卸载程序会询问是否删除文件恢复区中的文件。如果是准备重装 360 杀毒，建议选择“否”保留文件恢复区中的文件，否则选择“是”删除文件。

③ 卸载完成后，360 会提示重启系统，可根据使用情况选择是否立即重启。

(3)病毒查杀

360 杀毒具有实时病毒防护和手动扫描功能。实时防护功能在文件被访问时对文件进行扫描，及时拦截活动的病毒。在发现病毒时会通过提示窗口警告。

360 杀毒提供了四种手动病毒扫描方式：快速扫描、全盘扫描、指定位置扫描及右键扫描。360 杀毒软件的运行界面如图 6－15 所示。

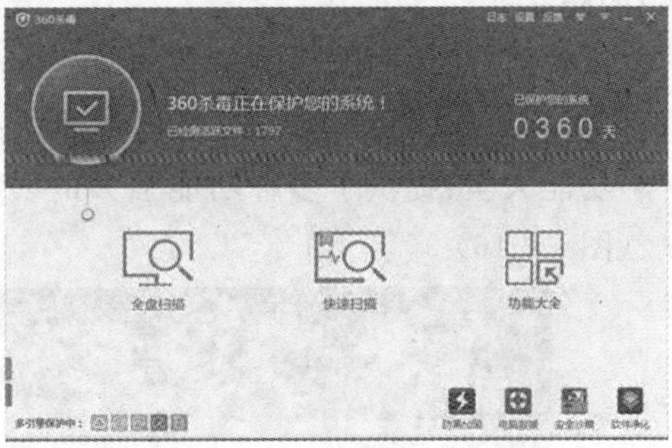

图 6－15 360 杀毒软件运行界面

快速扫描：扫描 Windows 系统目录及 Program Files 目录。

全盘扫描：扫描所有磁盘。

指定位置扫描：扫描用户指定的目录。

右键扫描：集成到右键菜单中，当用户在文件或文件夹上点击鼠标右键时，可以选择“使用 360 杀毒扫描”对选中文件进行扫描。

其中前三种扫描都已经在 360 杀毒主界面中作为快捷任务列出，只需点击相关任务就可以开始扫描，启动扫描之后，会显示扫描进度窗口，在这个窗口中用户可以看到正在扫描的文件、总体进度以及发现问题的文件。

(4)升级

360 杀毒具有自动升级功能，开启自动升级功能，360 杀毒会在有升级可用时自动下载并安装升级文件，自动升级完成后会通过气泡窗口提示用户。如果手动进行升级，在 360 杀毒主界面点击“升级”标签，进入升级界面，并点击“检查更新”按钮，升级程序会连接服务

器检查是否有可用更新，如果有的话就会下载并安装升级文件，

4.360 安全卫士的使用

360 安全卫士界面上有“电脑体检、查杀木马、清理插件、修复漏洞、清理垃圾、清理痕迹、系统修复”等多种功能，并独创了“木马防火墙”功能，同时还具备“开机加速、垃圾清理”等多种系统优化功能，可大大加快电脑运行速度，内含的 360 软件管家还可帮助用户下载、升级和强力卸载各种应用软件，并且还提供多种实用工具帮助解决电脑问题和保护系统安全。具体操作步骤如下：

(1)双击桌面上的 360 安全卫士图标，首次运行 360 安全卫士，会进行第一次系统全面检测。

(2)电脑体验：对电脑系统进行快速一键扫描，对木马病毒、系统漏洞、差评插件等问题进行修复，并全面解决潜在的安全风险，提高电脑运行速度。

(3)查杀木马：先进的启发式引擎，智能查杀未知木马和云安全引擎共同进行木马查杀，如果使用常规扫描后感觉电脑仍然存在问题，还可尝试 360 强力查杀模式。

(4)清理插件：可以给浏览器和系统瘦身，提高电脑和浏览器速度，可以根据评分、好评率、恶评率来管理。

(5)修复漏洞：提供的漏洞补丁均可由微软官方获取，及时修复漏洞，保证系统安全。

(6)清理垃圾：全面清除电脑垃圾，最大限度提升电脑的系统性能，给计算机一个洁净、顺畅的系统环境。

(7)清理痕迹：可以清理用户使用电脑后所留下的个人信息痕迹，这样做可以极大地保护用户的隐私。

(8)系统修复：一键解决浏览器主页、开始菜单、桌面图标、文件夹、系统设置等被恶意篡改的诸多问题，使系统迅速恢复到“健康状态”。

(9)功能大全：提供了多种功能强大的实用工具，有针对性地解决电脑问题，提高电脑速度。(图 6－16)

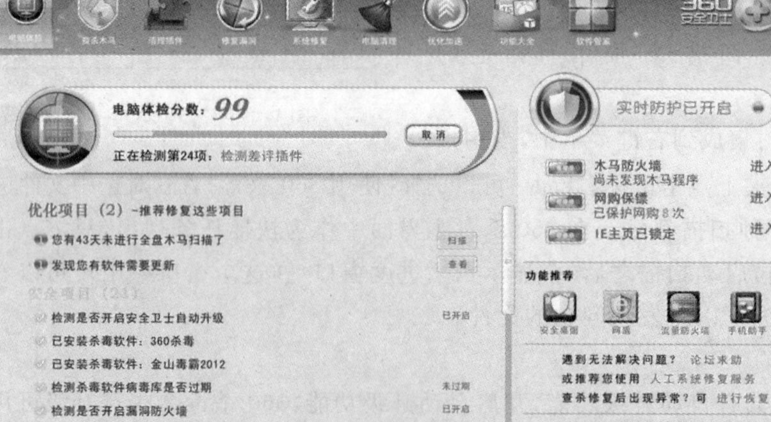

图 6－16　360“功能大全”运行界面

三、实训练习

1. 搜索练习

(1)任意搜索一个讲解搜索技巧的网页，将介绍各类搜索引擎的技巧(如百度、搜狗等，至少三种)的网页保存至个人文件夹，然后将搜索到的内容制作成演示文稿。

操作提示：分别用百度、搜狗搜索关键词“搜索技巧”，将搜索到的网页保存到自己建立的文件夹中，然后打开 PowerPoint，选择任一模板，新建演示文稿，添加搜索到的内容，

(2)有一盆君子兰，我非常喜欢，想把它放在卧室，不知合适不合适，利用网络搜索引擎查询：君子兰能放在卧室吗？

操作提示：用“百度”或“搜狗”搜索关键词“君子兰能放在卧室吗”，查看搜索结果。

2. 使用 360 查杀流行木马

定期进行木马查杀可以有效保护系统账户安全。这里的功能包括系统区域位置快速扫描、全盘完整扫描、自定义区域扫描。

操作提示：选择需要的扫描方式，点击“开始扫描”将马上按照选择的扫描方式进行木马扫描。

第二部分　实训练习题

一、计算机基础知识

习题一 选择题

1. 下列叙述中，不属于电子计算机特点的是____。

A. 运算速度快　　B. 计算精度高

C. 高度自动化　　D. 高度智能的思维方式

2. 计算机按所处理的信息形态可以分为____。

A. 巨型机、大型机、小型机、微型机和工作站

B. 286 机、386 机、486 机、Pentium 机

C. 专用计算机、通用计算机

D. 数字计算机、模拟计算机、混合计算机

3. 现在日常所使用的计算机属于____。

A. 电子数字计算机　　B. 电子模拟计算机

C. 工业控制计算机　　D. 模拟计算机

4. 符合能源之星的电脑是指____。

A. 机箱是绿色的电脑　　B. 显示器背景色为绿色的电脑

C. 节能的电脑　　D. CPU 颜色是绿色的电脑

5. 构成计算机的电子和机械的物理实体称为____。

A. 主机　　B. 外部设备

C. 计算机系统　　D. 计算机硬件系统

6. 把计算机分巨型机、大中型机、小型机和微型机，本质上是____按划分。

A. 计算机的体积　　B. CPU 的集成度

C. 计算机总体规模和运算速度　　D. 计算机的存储容量

7. 1992 年，我国第一台 10 亿次/秒的巨型电子计算机在国防科技大学研制成功，它的名称是____。

A. 东方红　　B. 神威　　C. 曙光　　D. 银河－II

8. 从第一代计算机到第四代计算机的体系结构都是相同的，都是由运算器、控制器、存储器以及输入输出设备组成的。这种体系结构称为____体系结构。

A. 艾伦·图灵　　B. 罗伯特·诺依斯

C. 比尔·盖茨　　D. 冯·诺依曼

9. 以微处理器为核心组成的微型计算机属于____计算机。

A. 第一代　　B. 第二代　　C. 第三代　　D. 第四代

10. 根据系统规模大小与功能的强弱来分类，笔记本电脑属于____。

A. 大型机　B. 中型机　C. 小型机　D. 微型机

11. 下列关于计算机的叙述中，错误的一条是____。

A. 世界上第一台计算机诞生于美国，主要元件是晶体管

B. 银河是我国自主生产的巨型机

C. 笔记本电脑也是一种微型计算机

D. 计算机的字长一般都是 8 的整数倍

12. 电子计算机的分代主要是根据____来划分的。

A. 年代　B. 电子元件　C. 工作原理　D. 操作系统

13. 有线宽带的出现标志着计算机的应用已进入了____时代。

A. 分布式系统　B. 集散处理　C. 高速网络　D. 数字

14. 在计算机市场上，用户可挑选来自不同国家生产的组件来组装成一台完整的电脑，体现了计算机组件具有____。

A. 适应性　B. 统一性　C. 兼容性　D. 包容性

15. 我国具有自主知识产权的 CPU 的名称是____。

A. 东方红　B. 银河　C. 曙光　D. 龙芯

16. 电子计算机与其他计算工具的本质区别是____。

A. 能进行算术运算　B. 运算速度高

C. 计算精度高　D. 存储并自动执行程序

17. 在信息时代，提供各种信息资源容量最大的是____。

A. 报纸杂志　B. 广播电视　C. 图书馆　D. 因特网

18. 计算机自诞生以来，无论在性能、价格等方面都发生了巨大的变化，但是____并没有发生多大的改变。

A. 耗电量　B. 体积　C. 运算速度　D. 基本工作原理

19. 你认为最能反映计算机主要功能的是____。

A. 可以代替人的脑力劳动　B. 可以存储大量的信息

C. 可以实现高速度的运算　D. 信息处理

20. 计算机中采用二进制，是因为____。

A. 硬件易于实现　B. 两个状态的系统具有稳定性

C. 二进制的运算法则简单　D. 上述三个原因

21. 下列有关信息的描述正确的是____。

A. 只有以书本的形式才能长期保存信息

B. 数字信号比模拟信号易受干扰而导致失真

C. 计算机以数字化的方式对各种信息进行处理

D. 信息的数字化技术已初步被模拟化技术所取代

22. “神舟七号”飞船应用计算机进行飞行状态调整属于____。

A. 科学计算　B. 数据处理

C. 计算机辅助设计　　D. 实时控制

23. CAD 是计算机主要应用领域之一，其含义是____。

A. 计算机辅助制造　　B. 计算机辅助设计
C. 计算机辅助测试　　D. 计算机辅助教学

24. 计算机术语中，英文 CAT 是指____。

A. 计算机辅助制造　　B. 计算机辅助设计
C. 计算机辅助测试　　D. 计算机辅助教学

25. 门禁系统的指纹识别功能所运用的计算机技术是____。

A. 机器翻译　　B. 自然语言理解　　C. 过程控制　　D. 模式识别

26. 目前广泛使用的航空（火车）售票系统、财务管理等软件，按计算机应用分类，应属于____。

A. 实时控制　　B. 科学计算
C. 计算机辅助工程　　D. 数据处理

27. 计算机的应用领域可大致分为三个方面，下列正确的是____。

A. 计算机辅助教学、专家系统、人工智能
B. 工程计算、数据结构、文字系统
C. 实时控制、科学计算、数据处理
D. 数值处理、人工智能、操作系统

28. 计算机辅助教学软件属于软件____。

A. CAM　　B. CAD　　C. CAS　　D. CAI

29. 邮局利用计算机对信件进行自动分拣的技术是____。

A. 机器翻译　　B. 自然语言理解　　C. 过程控制　　D. 模式识别

30. 淘宝网的网上购物属于计算机现代应用领域中的____。

A. 计算机辅助系统　　B. 电子政务
C. 电子商务　　D. 办公自动化

31. 早期第一代计算机的主要应用领域是____。

A. 数据处理　　B. 科学计算　　C. 实时控制　　D. 计算机辅助设计

32. 微型计算机的发展以技术为特征标志____。

A. 操作系统　　B. 微处理器　　C. 磁盘　　D. 软件

33. 现在的网上银行系统在计算机应用上属于____。

A. 过程控制　　B. 文件处理　　C. 数据处理　　D. 人工智能

34. 在计算机术语中，英文 CAM 是指____。

A. 计算机辅助制造　　B. 计算机辅助设计
C. 计算机辅助测试　　D. 计算机辅助教学

35. 计算机在实现工业自动化方面的应用主要属于____。

A. 数据处理　　B. 科学计算
C. 计算机辅助设计　　D. 实时控制

36. 微型计算机中使用的关系数据库,就应用领域而言属于____。

A. 数据处理　B. 科学计算　C. 实时控制　D. 计算机辅助设计

37. 按计算机应用的分类,办公自动化 OA 属于____。

A. 科学计算　B. 信息处理　C. 实时控制　D. 辅助设计

38. 人工智能是让计算机能模仿人的一部分智能。下列____不属于人工智能领域中的应用。

A. 机器人　B. 银行信用卡　C. 人机对弈　D. 机械手

39. CAD 软件可用来绘制____图。

A. 机械设计　B. 建筑设计　C. 服装设计　D. 以上都对

40. 型号为 Pentium4/2.8G 微机的 CPU 主时钟频率为____。

A. 2.8KHz　B. 2.8MHz　C. 2.8Hz　D. 2.8GHz

41. 以下描述错误的是____。

A. 计算机的字长即为一个字节的长度

B. 一个常用汉字占用两个字节

C. 计算机文件是用二进制存储

D. 计算机内部存储的信息都是由 0、1 这两个数字组成的

42. 微型机的中央处理器主要集成了____。

A. 控制器和 CPU　B. 控制器和存储器

C. 运算器和 CPU　D. 运算器和控制器

43. MIPS 是用以衡量计算机____的性能指标。

A. 传输速率　B. 存储容量　C. 字长　D. 运算速度

44. 在微型机结构中,运算器部件属于____的一部分。

A. CPU　B. 存储器　C. I/O　D. 系统总线

45. 当用户购买微机时,衡量微型计算机价值最主要的依据是____。

A. 显示器大小　B. 性能价格比

C. 能否无线上网　D. 操作次数

46. 现在采用的双核处理器,双内核的主要作用是____。

A. 加快了处理多媒体数据的速度

B. 处理信息的能力和单核相比,加快了一倍

C. 加快了处理多任务的速度

D. 加快了从硬盘读取数据的速度

47. 在微型计算机性能的衡量指标中,____用以衡量计算机的稳定性和质量。

A. 可用性　B. 兼容性

C. 平均无障碍工作时间　D. 性能价格比

48. "64 位微型机"中的"64"是指____。

A. 微型机型号　B. 机器字长　C. 内存容量　D. 显示器规格

49. 所谓的"第五代计算机"是指____。

A. 多媒体计算机　　B. 神经网络计算机
C. 人工智能计算机　　D. 生物细胞计算机

50. 在计算机系统中，指挥、协调计算机工作的设备是____。
A. 显示器　B. CPU　C. 内存　D. 打印机

51. 通常所讲的 PC 机是指体积小、功能强、价格低、可靠性高、适用范围广的____。
A. 单片机　B. 小型计算机　C. 微型计算机　D. 单板机

52. 计算机由五大部件组成，它们是____。
A. CPU、控制器、存储器、输入设备、输出设备
B. 控制器、运算器、存储器、输入设备、输出设备
C. CPU、运算器、主存储器、输入设备、输出设备
D. CPU、控制器、运算器、主存储器、输入/输出设备

53. 电子计算机的性能可以用很多指标来衡量，除了用其运算速度、字长等主要指标以外，还可以用来衡量____。
A. 主存储器容量的大小　　B. 硬盘容量的大小
C. 显示器的尺寸　　D. 计算机的制造成本

54. 下列____ CPU 不是由 INTEL 公司生产的。
A. 酷睿双核　　B. 80486
C. PENTIUM Ⅱ　　D. AMD3000＋

55. 目前全球最大的 CPU 芯片生产厂商是____。
A. AMD 公司　　B. MICROSOFT（微软）公司
C. OMRON 公司　　D. INTEL（英特尔）公司

56. 计算机系统由____组成。
A. 主机和系统软件　　B. 硬件系统和软件系统
C. CPU、存储器和 I/O 设备　　D. 微处理器和软件系统

57. 运算器的主要功能是____。
A. 进行算术运算　　B. 进行逻辑运算
C. 分析指令并进行译码　　D. 实现算术运算和逻辑运算

58. 关于微机核心部件 CPU，下面说法错误的是____。
A. CPU 是中央处理器的简称　　B. CPU 可以替代存储器
C. PC 机的 CPU 也称为微处理器　　D. CPU 是计算机的核心部件

59. 计算机中主板上所采用的电源为____。
A. 交流电　　B. 直流电
C. 可以是交流，也可以是直流电　　D. UPS

60. 在计算机术语中，对多媒体的定义是指____。
A. 多种表示和传播信息的载体　　B. 各种信息的编码
C. 计算机的输入输出信息　　D. 计算机屏幕显示的信息

61. 以下不属于多媒体技术应用范畴的是____。

A. 教育培训　B. 虚拟现实　C. 商业服务　D. 火箭飞行控制

62. 在多媒体系统中,扩展名为.wav的文件类型是____。

A. 音频文件　B. 图像文件　C. 文本文件　D. 可执行文件

63. 如果想在网上观赏.rm格式的电影,可使用播放____。

A. WinRAR　B. CD唱机　C. 录音机　D. RealPlayer

64. 计算机中声卡的主要功能是____。

A. 自动录音　B. 音频信号的输入输出接口

C. 播放VCD　D. 放映电视

65. 目前多媒体关键技术中不包括____。

A. 数据压缩技术　B. 神经元技术

C. 视频处理技术　D. 虚拟技术

66. 通常所说的RGB颜色模型是____三色模型。

A. 绿、青、蓝　B. 红、绿、蓝　C. 红、黄、蓝　D. 红、蓝、紫

67. ____不是多媒体技术的特征。

A. 集成性　B. 交互性　C. 艺术性　D. 实时性

68. 为减少多媒体数据所占存储空间,一般都采用____。

A. 存储缓冲技术　B. 数据压缩技术

C. 多通道技术　D. 流水线技术

69. 多媒体技术中.jpg格式的文件是____。

A. 图像文件　B. 语音文件　C. 总线标准　D. 视频文件

70. 下列各项中,____属于多媒体功能卡。

A. 网卡　B. IC卡　C. 视频捕获卡　D. SCSI卡

71. 下列多媒体文件,____的扩展名是.mpeg。

A. 音频　B. 数字音乐　C. 数码照片　D. 视频

72. 下列不属于多媒体播放工具的是____。

A. 暴风影音　B. 迅雷

C. Realplayer实时播放器　D. Windows Media Player

73. 一个完整的多媒体计算机系统,应包含三个组成部分,它们是____。

A. 多媒体硬件平台、多媒体软件平台和多媒体创作工具

B. 文字处理系统、声音处理系统和图像处理系统

C. 主机、声卡和图像卡

D. 微机系统、打印系统和扫描系统

74. 目前多媒体技术应用广泛,一般的卡拉OK厅普遍采用VOD系统,VOD指的是____。

A. 图像格式　B. 语音格式　C. 总线标准　D. 视频点播

75. 假设机箱内已正确插入了高质量的声卡,但却始终没有声音,其原因可能是____。

A. 没有安装音响设备或音响设备没有打开

B. 音量调节过低

C. 没有安装相应的驱动程序

D. 以上都有可能

76. 目前为宽带用户提供稳定和流畅的视频播放效果所采用的主要技术是____。

A. 操作系统　B. 闪存技术　C. 流媒体技术　D. 光存储技术

77. 多媒体 PC 是指____。

A. 能处理声音的计算机

B. 能处理图像的计算机

C. 能进行通信处理的计算机

D. 能进行文本、声音、图像等多媒体处理的计算机

78. 将二进制数 10000001B 转换为十进制数应该是____。

A. 126　B. 127　C. 128　D. 129

79. 将十进制的整数化为八进制整数的方法是____。

A. 乘以八取整法　B. 除以八取余法

C. 乘以八取小数法　D. 除以八取整法

80. 下面的数值中，可能是二进制数的是____。

A. 1011　B. 120　C. 58　D. 11A

81. 十六进制数“BD”转换为等值的八进制数是____。

A. 274　B. 275　C. 254　D. 264

82. 用十六进制数给存储器进行地址编码。若编码为 0000H～FFFFH，则该存储器的容量是____ KB。

A. 32　B. 64　C. 128　D. 256

83. 位是计算机中表示信息的最小单位，则微机中 1K 字节表示的二进制位数是____。

A. 1000　B. 8x1000　C. 1024　D. 8x1024

84. 十六进制数 3FC3H 转换为相应的二进制数是____。

A. 11111111000011B　B. 01111111100001lB

C. 01111111000001B　D. 11111111000001B

85. 两个二进制数算术加的结果 11001001＋00100111 是____。

A. 11101111　B. 11110000　C. 00000001　D. 10100010

86. 用 8 位带符号的二进制数表示整数范围是____。

A. －127～＋127　B. －127～＋128　C. －128～＋127　D. －128～＋128

87. 如果用 8 位二进制补码表示带符号的整数，则能表示的十进制数的范围是____。

A. －127～＋127　B. －127～＋128　C. －128～＋127　D. －128～＋128

88. 下列二进制数中，____与十进制数 510 等值。

A. 111111111B　B. 100000000B　C. 111111110B　D. 110011001B

89. 二进制数 10001000B 转化成的十六进制数为____。

A. 88H　B. 88　C. 136H　D. 136

90. 下列各种进制的数中最小的数是____。

A. 52Q　　B. 2BH　　C. 44D　　D. 101001B

91. 执行逻辑或运算 0101∨1100 的结果为____。

A. 0101　　B. 1100　　C. 1001　　D. 1101

92. 用一个字节表示无符号整数,能表示的最大整数是____。

A. 无穷大　　B. 128　　C. 256　　D. 255

93. 下列不同进制的 4 个数中,最大的一个数是____。

A. 1010011B　　B. 557Q　　C. 512D　　D. 1FFH

94. 在计算机内部,机器码的形式是____。

A. ASCII 码　　B. BCD 码　　C. 二进制　　D. 十六进制

95. 已知字母“a”的 ASCII 码是 61H,则字母“d”的 ASCII 码是____。

A. 64　　B. 64H　　C. 65　　D. 65H

96. 通常在微型计算机内部,汉字“计算机”一词占____字节。

A. 2　　B. 6　　C. 3　　D. 1

97. ASCII 码就是____。

A. 国际标准信息交换码　　B. 欧洲标准信息交换码

C. 中国国家标准信息交换码　　D. 美国标准信息交换码

98. 以下对微机汉字系统的描述中正确的是____。

A. 汉字内码与所用的输入法有关

B. 汉字的内码与字型有关

C. 在同一操作系统中,采用的汉字内码是统一的

D. 汉字的内码与汉字字体大小有关

99. 在 24×24 点阵字库中,存储一个汉字的字模信息需用的字节数是____。

A. 8　　B. 24　　C. 48　　D. 72

100. 下列字符中,ASCII 码值最大的是____。

A. Y　　B. y　　C. A　　D. a

习题二　填空题

1. ROM、DBMS、GPL 的中文意义分别是____、____和____。

2. 1M 字节=____K 字节=____字节。

3. 15=____B=____H。

4. 标准 ASCII 采用____位二进制编码。汉字机内码是将 GB2312－80 中规定的汉字国标码的每个字节的最高位置____得到的,例如,汉字“大”字,国标码为 3473H,则机内码为____。真彩色是指用____位二进制编码来表示一个像素。

5. GB18030 是____的扩展,采用____混合编码。

6. CD－ROM 盘通过____记录信息,与普通 VCD 唱盘的方式____。

7. 地址总线的位数决定了计算机的____能力,数据总线的宽度决定了计算机____。

8. 功能最强的计算机是____计算机。规模最小的计算机是____计算机。存储器、CPU 和输入/输出接口集成在一起，称为____计算机。

9. 一个硬盘中共有 16 个盘面，每个盘面上有 2100 个磁道，每个磁道分为 63 个扇区，每个扇区的存储容量为 512 字节，则该盘有____个磁头、____个柱面，它的存储容量是____MB，即____GB。

10. 磁盘读/写动作过程分为____、____和____3 个阶段。

习题三　判断题

1. 机箱内的设备是主机，机箱外的设备是外设。(　　)
2. MIPS 表示的是主机的类型。(　　)
3. 计算机内存的基本存储单位是比特。(　　)
4. 计算机程序必须装载到内存中才能执行。(　　)
5. 自由软件允许用户进行修改，而共享软件却不一定。(　　)
6. 数据总线的宽度决定了内存一次能够读出的相邻地址单元数。(　　)
7. 每个汉字的字模码都用两个字节存储。(　　)
8. 不同 CPU 的计算机有不同的机器语言和汇编语言。(　　)
9. 微型计算机就是个人计算机。(　　)
10. 外存上的信息可直接进入 CPU 被处理。(　　)
11. 操作系统只负责管理内存储器，而不管理外存储器。(　　)
12. C 语言是一种面向对象的程序设计语言。(　　)
13. 一个磁盘上各个扇区的长度可以不等，但存储的信息量相同。(　　)
14. 计算机键盘上字母键的排列方式是保证录入速度的最佳方式。(　　)
15. 显示器的分辨率不但取决于显示器，也取决于配套的显示器适配器。(　　)
16. 开机时先开显示器后开主机电源，关机时先关主机后关显示器电源。(　　)

习题一　选择题参考答案

1. D	2. D	3. A	4. C	5. D	6. C	7. D	8. D
9. D	10. D	11. A	12. B	13. C	14. C	15. D	16. D
17. D	18. D	19. D	20. D	21. C	22. D	23. B	24. C
25. D	26. D	27. C	28. D	29. D	30. C	31. B	32. B
33. C	34. A	35. D	36. A	37. B	38. B	39. D	40. D
41. A	42. D	43. D	44. A	45. B	46. C	47. C	48. B
49. C	50. B	51. C	52. B	53. A	54. D	55. D	56. B
57. D	58. B	59. B	60. A	61. D	62. A	63. D	64. B
65. B	66. B	67. C	68. B	69. A	70. C	71. D	72. B
73. A	74. D	75. D	76. C	77. D	78. D	79. B	80. A
81. B	82. B	83. D	84. A	85. B	86. A	87. C	88. C

89. A　90. D　91. D　92. D　93. C　94. C　95. B　96. B
97. D　98. C　99. D　100. B

习题二　填空题参考答案

1. 只读存储器　数据库管理系统　通用公共许可证
2. 1 024　1 024×1 024
3. 1 111　F
4. 7　1　B4F3H　24
5. GB2312－80　1/2/4 位
6. 压制的凹坑　相同
7. 内存容量　一次所能传输的二进制位数
8. 巨型　单片　单片
9. 16　2 100　1 034　1
10. 找道　找扇区　读/写

习题三　判断题参考答案

1. ×　2. ×　3. √　4. √　5. √　6. √　7. ×　8. √
9. ×　10. ×　11. ×　12. ×　13. √　14. ×　15. √　16. √

二、Windows 7 操作系统

习题一　选择题

1. 在 Windows 7 中，各应用程序之间的信息交换可以通过____进行。

   A. 记事本　　B. 画图　　C. 剪贴板　　D. 写字板

2. 按一般操作方法，下列对于 Windows 7 桌面图标的叙述，错误的是____。

   A. 所有图标都可以重命名　　B. 所有图标可以重新排列

   C. 所有图标都可以删除　　D. 桌面图标样式都可更改

3. 在 Windows 7 安装完成后，桌面上一定会有的图标是____。

   A. Word 2010　　B. 回收站　　C. 控制面板　　D. 资源管理器

4. ____不是关闭 Windows 7 系统的正确操作。

   A. Alt+F4 键

   B. 长时间按下电源按钮

   C. 点击“开始”菜单中的“关闭系统”项

   D. 按 Alt+Ctrl+Del 再点击“关机”按钮

5. 家用电脑能一边听音乐，一边玩游戏，这主要体现了 Windows 7 的____。

   A. 人工智能技术　　B. 自动控制技术

   C. 文字处理技术　　D. 多任务技术

6. 在 Windows 7 中，鼠标指针呈四箭头形时，一般表示____。

   A. 选择菜单　　B. 用户等待

   C. 完成操作　　D. 选中对象可以上、下、左、右移动

7. 下面关于 Windows 7 的窗口描述中，错误的是____。

   A. 窗口是 Windows 应用程序的用户界面

   B. Windows 的桌面也是 Windows 窗口

   C. 用户可以改变窗口的大小

   D. 窗口由边框、标题栏、菜单栏、工作区、状态栏、滚动条等组成

8. 下列有关快捷方式的叙述，错误的是____。

   A. 快捷方式改变了程序或文档在磁盘上的存放位置

   B. 快捷方式提供了对常用程序或文档的访问捷径

   C. 快捷方式图标的左下角有一个小箭头

   D. 删除快捷方式不会对源程序或文档产生影响

9. 在 Windows 7 中，用户可以同时打开多个窗口，此时____。

A. 所有窗口的程序都处于后台运行状态

B. 所有窗口的程序都处于前台运行状态

C. 只能有一个窗口处于激活状态，它的标题栏颜色默认呈蓝色

D. 只有一个窗口处于前台运行状态，其余的程序则处于停止运行状态

10. 在 Windows 7 中，有些文件的内容比较多，即使窗口最大化，也无法在屏幕上完全显示出来，此时可利用窗口____来阅读文件内容。

A. 窗口边框　　B. 控制菜单　　C. 滚动条　　D. 最大化按钮

11. 在 Windows 7 中，剪贴板是程序和文件间用来传递信息的临时存储区，则剪贴板是____。

A. 在回收站中　　B. 在硬盘中　　C. 在内存中　　D. 在软盘中

12. Windows 7 的"开始"菜单集中了 XP 的很多功能，则下列对其描述较准确的是____。

A. "开始"菜单就是计算机启动时所打开的所有程序的列表

B. "开始"菜单是用户运行 Windows 应用程序的入口

C. "开始"菜单是当前系统中的所有文件

D. "开始"菜单代表系统中的所有可执行文件

13. 在 Windows 7 中，命令菜单呈灰色显示意味着____。

A. 该菜单命令当前不能使用

B. 选中该菜单命令后将弹出对话框

C. 选中该菜单命令后将弹出下级子菜单

D. 该菜单命令正在使用

14. Windows 7 菜单中带省略号(…)的命令菜单意味着____。

A. 当前菜单不可用　　B. 打开一个对话框

C. 当前菜单命令有效　　D. 本菜单命令有下一级菜单

15. 在 Windows 7 中，"开始"菜单里的"运行"项的功能不包括____。

A. 通过命令形式运行一个程序

B. 通过键入"cmd"命令进入虚拟 DOS 状态

C. 通过运行注册表程序可以编辑系统注册表

D. 设置鼠标操作

16. Windows 7 中硬盘备份的主要作用是____。

A. 修复损坏的磁盘

B. 缩小磁盘空间

C. 为防止被系统破坏进行的信息保护

D. 清除暂时不用的文件

17. 在 Windows 7 环境中，对于多个已打开窗口进行排列时，没有____方式。

A. 层叠　　B. 居中　　C. 叠堆　　D. 并排

18. 在 Windows 7 中，直接关闭微机电源可能产生的后果是____。

A. 可能破坏系统设置　　　　B. 可能破坏某些程序的数据
C. 可能造成下次启动故障　　D. 以上情况均可能

19. 在 Windows 7 中，若取消已经选定的若干文件或文件夹中的某一个，需按____键，再单击要取消项。
A. Ctrl　　B. Shift　　C. Alt　　D. Esc

20. 在 Windows 7 中，在没有清空回收站之前，回收站中的文件或文件夹仍然占用____空间。
A. 内存　　B. 硬盘　　C. 软盘　　D. 光盘

21. Windows 7 桌面底部的任务栏功能很强，但不能在“任务栏”内进行的操作是____。
A. 设置系统日期的时间　　B. 排列桌面图标
C. 排列和切换窗口　　D. 启动“开始”菜单

22. 在 Windows 7 的“计算机”窗口中，对硬盘上选定的文件按下＜Shift＞＋＜Delete＞键后，再单击“确定”按钮，则该文件或文件夹将____。
A. 被删除并放入“回收站”　　B. 不被删除也不放入“回收站”
C. 直接被删除而不放入“回收站”　　D. 不被删除但放入“回收站”

23. Windows 7 的特点包括____。
A. 图形界面　　B. 多任务　　C. 即插即用　　D. 以上都对

24. 在 Windows 7 窗口中，选择带括号的字母菜单项，可按____键配合此字母快速选中。
A. Alt　　B. Ctrl　　C. Shift　　D. Esc

25. 在 Windows 7 中，以____为扩展名的文件不是可执行文件。
A. com　　B. sys　　C. bat　　D. exe

26. 删除 Windows 7 桌面上的“Microsoft Word”快捷图标，意味着____。
A. 该应用程序连同其图标一起被删除
B. 只删除了该应用程序，对应的图标被隐藏
C. 只删除了图标，对应的应用程序被保留
D. 下次启动后图标会自动恢复

27. 如用户在一段时间____，Windows 7 将启动执行已设置的屏幕保护程序。
A. 没有按键盘
B. 没有移动鼠标器
C. 既没有按键盘，也没有移动鼠标器
D. 没有使用打印机

28. 在 Windows 7 中，欲输入汉字，一般先按____键，将状态转换到输入汉字状态，再输入汉字。
A. Ctrl＋Esc　　B. Ctrl＋空格键　　C. Ctrl＋Alt　　D. Alt＋Tab

29. Windows 7 中查找文件时，如果在“搜索计算机”框中输入“＊.doc”，表明要查找的是____。

A. 文件名为 *.doc 的文件　　B. 文件名中有一个 * 的 doc 文件

C. 所有的 doc 文件　　D. 文件名长度为一个字符的 doc 文件

30. 在 Windows 7 中，操作具有____的特点。

A. 先选择操作命令，再选择操作对象

B. 先选择操作对象，再选择操作命令

C. 需同时选择操作命令和操作对象

D. 允许用户任意选择

31. 在 Windows 7 中，当一个已存文档（如用记事本新建的 txt 文本文档）被关闭后，该文档将____。

A. 保存在外存中　　B. 保存在内存中

C. 保存在剪贴板中　　D. 保存在回收站中

32. 在 Windows 中，将光盘放入光驱中，光盘内容能自动运行，是因为光盘的根目录上有____文件。

A. autoexec. bat　　B. config. sys

C. autorun. inf　　D. setup. exe

33. 在 Windows 7 中，“记事本”生成____类型的文件。

A. txt　　B. pcx　　C. doc　　D. jpeg

34. 在 Windows 7 中，选用中文输入法后，可以按____实现中英文标点符号的切换。

A. Caps Lock 键　　B. Ctrl＋圆点键　　C. Shift＋空格键　　D. Ctrl＋空格键

35. 下列资源中，不能使用 Windows 7 提供的查找应用程序找到的有____。

A. 文件夹　　B. 网络中的计算机

C. 文件　　D. 已被删除但仍在回收站中的文件

36. 在 Windows 7 中，不同驱动器之间复制文件时可使用的鼠标操作是____。

A. 拖拽　　B. Shift＋拖拽　　C. Alt＋拖拽　　D. Ctrl＋P

37. 在 Windows 7 的输入法中，为去除弹出的软键盘，正确的操作方法是____。

A. 用鼠标左键单击软键盘上的 Esc 键

B. 用鼠标右键单击软键盘上的 Esc 键

C. 用鼠标右击中文输入法状态窗口中的“开启/关闭软键盘”按钮

D. 用鼠标左击中文输入法状态窗口中的“开启/关闭软键盘”按钮

38. 在 Windows 7 中，当键盘上有某个字符键因损坏而失效，则可以使用中文输入法按钮组中的____来输入字符。

A. 光标键　　B. 功能键　　C. 小键盘区键　　D. 软键盘

39. 在 Windows 7 中，通常切换不同中文输入法的功能键是____。

A. Ctrl＋Esc　　B. Ctrl＋Shift　　C. Ctrl＋Space　　D. Alt＋Shift

40. 就 Windows 7 的窗口和对话框比较而言，窗口可以移动和改变大小，而对话框一般____。

A. 不能移动，仅可以改变大小　　B. 既不能移动，也不能改变大小

C. 既能移动，也能改变大小　　　　D. 仅可以移动，不能改变大小

41. 在 Windows 7 中，“捕获”整个桌面图像的方法是按键____。

A. Print Screen　　　　B. Alt＋Print Screen

C. Alt＋F4　　　　D. Ctrl＋Print Screen

42. 如果要彻底删除系统中已安装的应用软件，最正确的方法是____。

A. 直接找到该文件或文件夹进行删除操作

B. 用控制面板中“卸载程序”或软件自带的卸载程序完成

C. 删除该文件及快捷图标

D. 对磁盘进行碎片整理操作

43. 在 Windows 7 启动过程中，系统将自动执行“程序”菜单中的____项所包含的应用程序。

A. 程序　　B. 附件　　C. 启动　　D. 游戏

44. 在 Windows 7 系统中，如通过“cmd”进入虚拟 DOS 后，在返回 Windows 7 时，则可键入____命令使其返回。

A. Down　　B. Quit　　C. Exit　　D. Delete

45. 在 Windows 7 中，窗口的最小化是指____。

A. 窗口只占屏幕的最小区域

B. 窗口尽可能小

C. 窗口缩小为任务栏上的一个图标

D. 窗口关闭

46. 在 Windows 7 中，下列关于应用程序窗口与应用程序关系的叙述，错误的是____。

A. 一个应用程序窗口可含多个文档窗口（如 Word 可打开多个 doc 文档）

B. 一个应用程序窗口与多个应用程序相对应

C. 应用程序窗口最小化后，其对应的程序仍占用系统资源

D. 应用程序窗口关闭后，其对应的程序结束运行

47. Windows 与 DOS 的文件目录结构相同，均采用的是____。

A. 树形结构　　B. 线形结构　　C. 层次结构　　D. 网状结构

48. 在 Windows 7 中，用来与用户进行信息交换的是____。

A. 菜单　　B. 工具栏　　C. 对话框　　D. 应用程序

49. 在 Windows 7 操作中，若鼠标指针变为“沙漏”状，表明____。

A. 当前执行的程序出错，必须中止其执行

B. 系统正在工作，当前窗口内不能使用鼠标

C. 等待用户注意某个事项，并不影响计算机继续工作

D. 等待用户作出决定，以便继续工作

50. 在 Windows 7 中，如果一个窗口被最小化，此时前台还有其他运行程序，则____。

A. 被最小化的窗口及与之对应的程序被撤出内存

B. 被最小化的窗口及与之对应的程序继续占用内存

C. 被最小化的窗口及与之对应的程序被终止

D. 其他程序也会被自动关闭

51. 在 Windows 7 中若要用拖动鼠标改变当前窗口的大小,鼠标应____。

A. 置于窗口内　B. 置于菜单栏　C. 置于窗口边框　D. 置于标题栏

52. 在 Windows 7 的“资源管理器”窗口中,若希望显示文件的名称、类型、大小等信息,则应该选择“查看”菜单中的____。

A. 列表　B. 详细信息　C. 缩略图　D. 图标

53. 若在 Windows 7 中选中多个不连续的文件,可以先按住____键,再用鼠标逐个点击。

A. Alt　B. Ctrl　C. Shift　D. Tab

54. 打开文件的操作过程,其实是____。

A. 文件从内存送到外存的过程　B. 文件从外存送到 CPU 的过程

C. 文件从 CPU 送到外存的过程　D. 文件从外存送到内存的过程

55. 在 Windows 7 的窗口中,标题栏的右侧有“最大化”、“最小化”、“向下还原”和“关闭”按钮,其中不可能同时出现的两个按钮是____。

A. 最小化和向下还原　B. 最大化和向下还原

C. 最大化和最小化　D. 最小化和关闭

56. 开始菜单中的文档命令保留了最近使用的文档的文档名,如要清空文档名需通过____进行。

A. 控制面板　B. 记事本

C. 在任务栏的“属性”对话框的“开始菜单”选项卡中设置

D. 不能清空

57. 将一个后台非活动窗口变成活动窗口的方法中不包括____。

A. 点击任务栏中的该窗口图标　B. 使用 Alt＋Tab 键切换到该窗口

C. 点击该窗口的任意部分　D. 直接按 Tab 键切换

58. 在 Windows 7 中,经常使用所谓的“即插即用”设备,其“即插即用”的含义是指____。

A. 不需要 BIOS 支持即可使用硬件

B. Windows 系统所能使用的硬件

C. 安装在计算机上不需要配置任何驱动程序就可使用的硬件

D. 计算机上安装硬件后,系统自动识别并完成驱动程序的安装和配置

59. 在 Windows 7 中,设置系统日期或时间可通过____进行。

A. 剪贴板　B. Excel　C. Word　D. 控制面板

60. 在 Windows 7 中,可以通过下列____项进行系统硬件配置。

A. 控制面板　B. 回收站　C. 附件　D. 系统监视器

61. 在 Windows 7 中,通过“用户账户”组件不能进行____操作。

A. 记录账户流量　B. 创建新账户　C. 更改账户密码　D. 更改账户名称

62. 在 Windows 7 中,在控制面板的经典视图状态下,通过____组件,可以查询这台计算机的名称。

A. 日期和时间 B. 系统 C. 显示 D. 自动更新

63. 对于 Windows 7 的控制面板,以下说法不正确的____。

A. 控制面板是一个专门用来管理计算机系统的应用程序

B. 从控制面板中无法删除计算机中已经安装的声卡设备

C. 对于控制面板中的项目,可以在桌面上建立起它的快捷方式

D. 可以通过控制面板删除一个已经安装的应用程序

64. 在 Windows 7 的网络方式中欲打开其他计算机中的文档时,文档名的完整格式是____。

A. \\计算机名\路径名\文档名 B. 文档名\路径名\计算机名

C. \计算机名\路径名\文档名 D. //计算机名/路径名/文档名

习题二 填空题

1. MS－DOS 是一种____________用户、____________任务的操作系统。

2. 要设置显示器分辨率,需要打开“屏幕分辨率”对话框,在“屏幕分辨率”对话框中单击____________选项。

3. 如果在对话框中要进行各个选项卡之间的切换,可以使用的快捷键是____________。

4. 在 Windows 菜单命令中,有些命令是暗淡显示的,说明该命令____________;有些命令后有“ ”符号,说明该命令____________;有些命令后有“…”符号,说明该命令____________。

5. Windows 7 中大致有____________、____________、____________和____________四类菜单。

6. 在 Windows 中,把活动窗口或对话框复制到剪贴板上,可按____________键和____________键。

7. 删除文件时,如果不想把文件移入回收站,可先选择要删除的文件,右键单击这些文件,再按住____________键不放,则单击一个文件就删除它。如果使用键盘,则在按住____________键的同时,按____________键即可。

8. 利用控制面板进行设置:在 5 分钟内如果不按键也未移动鼠标,就以“飞行 Windows”窗口进行屏幕保护。设置的过程是:打开____________窗口;选择____________对象;选择____________对话框的____________选项卡;在____________下拉列表框选择“飞行 Windows 选项”;在____________数字框中选 5;单击____________按钮。

习题三 判断题

1. 任务栏可以移动到屏幕的上、下、左、右任意方向。( )

2. Windows 7 使用 U 盘时需要安装驱动程序。( )

3. 没有鼠标器无法操作 Windows 7。( )

4. Windows 7 中不可以按文件的大小搜索文件。（ ）

5. Windows 7 的对话框和窗口只有个体的差异而没有本质的区别。（ ）

6. Windows 工作的每个时刻，桌面上总有一个对象处于活动状态。（ ）

7. 回收站占用磁盘空间。（ ）

8. Windows 7 中文件夹的图标不可更改。（ ）

习题一 选择题参考答案

1. C	2. C	3. B	4. B	5. D	6. D	7. B	8. A
9. C	10. C	11. C	12. B	13. A	14. B	15. D	16. C
17. B	18. D	19. A	20. B	21. B	22. C	23. D	24. A
25. B	26. C	27. C	28. B	29. C	30. B	31. A	32. C
33. A	34. B	35. D	36. A	37. D	38. D	39. B	40. D
41. A	42. B	43. C	44. C	45. C	46. B	47. A	48. C
49. B	50. B	51. C	52. B	53. B	54. D	55. B	56. C
57. D	58. D	59. D	60. A	61. A	62. B	63. B	64. A

习题二 填空题参考答案

1. 单　单　2. 设置　3. Ctrl+Tab

4. 不可用　有下拉子菜单　有对话框

5. 开始菜单　窗口菜单　快捷菜单　控制菜单

6. Alt　PrintScreen

7. Shift　Shift　Del

8.“控制面板”“显示”“显示属性”“屏幕保护程序”　屏幕保护程序　等待确定

习题三 判断题参考答案

1. √　2. ×　3. ×　4. ×　5. ×　6. √　7. √　8. ×

三、Word 2010 基础应用

习题一　选择题

1. 在 Word 2010 中如要用某段文字的字符格式去设置另一段文字的字符格式，而不是复制其文字内容，需用____按钮。

A. 格式选定　　B. 格式刷　　C. 格式工具框　　D. 复制

2. 在 Word 2010 中，每个段落是____。

A. 以句号结束　　B. 以用户输入 Enter 键结束

C. 以空格结束　　D. 由 Word 2010 自动设定结束

3. Word 2010 中，____视图方式只能显示出分页符，而不能显示出页眉和页脚。

A. 普通　　B. 页面　　C. 大纲　　D. Web 版式

4. 在 Word 2010 中，____显示效果与打印预览基本相同。

A. 联机版式视图　　B. 大纲视图　　C. 普通视图　　D. 页面视图

5. 当用拼音法来输入汉字时，经常要用到“翻页”从多同音字中选择，“翻页”用到的两个键分别为____。

A.“＜”和“＞”　　B.“—”和“＋”

C.“[”和“]”　　D.“Home”和“End”

6. 在 Word 2010“窗口”菜单底部显示的文件名所对应的文档是____。

A. 当前正在操作的文档　　B. 当前已经打开的所有文档

C. 扩展名是 .doc 的所有文档　　D. 最近被 Word 操作过的文档

7. 在 Word 2010 的编辑状态，设置了标尺，可以同时显示水平标尺和垂直标尺的视图方式是____。

A. 大纲视图　　B. 普通视图　　C. 全屏显示　　D. 页面视图

8. 在 Word 2010 编辑的内容中，文字下面有红色波浪下划线的表示____。

A. 已修改过的文档　　B. 对输入的确认

C. 可能的拼写错误　　D. 可能的语法错误

9. 在 Word 2010 中，可以通过____菜单中的“选项”命令来指定标尺的刻度单位。

A. 编辑　　B. 格式　　C. 工具　　D. 视图

10. 在 Word 2010 中，在对文档进行编辑操作时，如果操作错误，____。

A. 将无法纠正

B. 只能人工再修改，以便恢复原样

C. 单击“工具”菜单中的“自动更正”命令，可以恢复原样

D. 单击“快捷工具栏”中的“撤销”命令，可以恢复原样

11. 在 Word 2010 文档中，____。

A. 只能粘贴文字　　B. 只能粘贴图形

C. 只能粘贴表格　　D. 文字、图形、表格都可以粘贴

12. 在 Word 2010 中，下列关于查找、替换功能的叙述，正确的是____。

A. 不可以指定查找文字的格式，但可以指定替换文字的格式

B. 不可以指定查找文字的格式，也不可以指定替换文字的格式

C. 可以指定查找文字的格式，但不可以指定替换文字的格式

D. 可以指定查找文字的格式，也可以指定替换文字的格式

13. Word 2010 文档文件默认的扩展名是____。

A. txt　　B. wps　　C. docx　　D. bmp

14. 直接启动 Word 2010 时，系统自动建立新文档窗口，此时标题栏显示的文档名为____。

A. 你的计算机名称　　B. “BOOK1”

C. “新文档 1”　　D. “文档 1”

15. 在 Word 2010 的编辑中，若把当前文档进行“另存为”操作，当输入新文件名并确定之后，则____。

A. 原文档被当前文档所覆盖　　B. 当前文档与原文档互不影响

C. 当前文档与原文档互相影响　　D. 以上说法均不对

16. 在 Word 2010 中，当前已打开一个文件，若想打开另一文件，则____。

A. 首先关闭原来的文件，才能打开新文件

B. 打开新文件时，系统会自动关闭原文件

C. 可直接打开另一文件，不必关闭原文件

D. 新文件的内容将会加入原来打开的文件中

17. 在 Word 2010 的编辑状态，选择四号字后，按新设置的字号显示的文字是____。

A. 插入点所在的段落中的文字　　B. 文档中被选择的文字

C. 插入点所在行中的文字　　D. 文档的全部文字

18. 在 Word 2010 的编辑状态，使插入点快速移到行尾的快捷键是____。

A. End 键　　B. Shift＋End 键　　C. Ctrl＋End 键　　D. Alt＋End 键

19. 在 Word 2010 的文档编辑操作中，快捷键 Ctrl＋C 可以实现____。

A. 复制　　B. 剪切　　C. 删除　　D. 粘贴

20. ____不是 Word 2010 提供的视图显示方式。

A. 普通视图　　B. 合并视图　　C. 大纲视图　　D. 页面视图

21. 在编辑 Word 2010 文档时，如果输入的新字符总是覆盖文档中插入点处已输入的字符，原因是____。

A. 当前文档正处于改写的编辑方式　　B. 当前文档正处于插入的编辑方式

C. 文档中没有字符被选择　　D. 文档中有相同的字符

22. 在 Word 2010 的编辑状态下，执行“文件”菜单中的“关闭”命令（非“退出”命令）的目的是____。

A. 将正在编辑的文档丢弃

B. 关闭当前窗口中正在编辑的文档，Word 2010 仍然可使用

C. 结束 Word 工作，返回到 Windows 桌面

D. 等同于“文件”菜单中的“退出”命令

23. Word 2010 的文档都是以模板为基础的，模板决定文档的基本结构和文档设置。在 Word 2010 中将____模板默认设定为所有文档的共用模板。

A. Normal　B. Web 页　C. 电子邮件正文　D. 信函和传真

24. 在 Word 2010 的文档编辑操作中，快捷键 Ctrl＋V 可以实现____。

A. 粘贴　B. 复制　C. 剪切　D. 删除

25. 在 Word 2010 中，若想控制一个段落的第一行的起始位置缩进二个字符，应在“格式”对话框设置____。

A. 悬挂缩进　B. 首行缩进　C. 左缩进　D. 首字下沉

26. 在 Word 2010 中，一个文档有 200 页，定位于 112 页的最快方式是____。

A. 用垂直滚动条快速移动文档定位于第 112 页

B. 用向下或向上箭头定位于第 112 页

C. 用 PgDn 或 PgUp 定位于第 112 页

D. 用“定位”命令定位于 112 页

27. 在 Word 2010 中，不能对普通文字设置____效果。

A. 加粗倾斜　B. 加下划线

C. 立体字　D. 文字倾斜与加粗

28. 在 Word 2010 中，选定一行文本的最方便快捷的方法是____。

A. 在行首拖动鼠标至行尾　B. 在选定行的左侧单击鼠标

C. 在选定行位置双击鼠标　D. 在该行位置右击鼠标

29. 在 Word 2010 中，若要将“格式刷”重复应用多次，应该____。

A. 单击“格式刷”按钮　B. 双击“格式刷”按钮

C. 右击“格式刷”按钮　D. 拖动“格式刷”按钮

30. 在 Word 2010 中，段落对齐方式中的“分散对齐”指的是____。

A. 左右两端都对齐，字符少的则加大间隔，把字符分散开以使两端对齐

B. 左右两端都要对齐，字符少的则靠左对齐

C. 或者左对齐或者右对齐，统一就行

D. 段落的第一行右对齐，末行左对齐

31. 在 Word 2010 文档中，如果要求上下两段之间留有较大间隔，最好的解决方法是____。

A. 在每两行之间用按回车键的办法添加空行

B. 在每两段之间用按回车键的办法添加空行

C. 通过段落格式设定来增加“段前”或“段后”间距
D. 用字符格式设定来增加间距

32. 下列关于 Word 2010 文档创建项目符号的叙述中，正确的是____。
A. 以段落为单位创建项目符号　B. 以选中的文本为单位创建项目符号
C. 以节为单位创建项目符号　D. 可以任意创建项目符号

33. 从一页中间分成两页，正确的命令是____。
A. 插入菜单中的页码　B. 插入菜单中的分隔符
C. 插入菜单中的自动图文集　D. 格式菜单中的字体

34. 使用 Word 中的“矩形”或“椭圆”绘图工具按钮绘制正方形或圆形时，应在拖拽鼠标的同时按____键。
A. Tab　B. Alt　C. Shift　D. Ctrl

35. 对 Word 2010 文档中“节”的说法，错误的是____。
A. 整个文档可以是一个节，也可以将文档分成几个节
B. 分节符由两条点线组成，点线中间有“节的结尾”4 个字
C. 分节符在 Web 视图中看不见
D. 不同节可采用不同的格式排版

36. Word 2010 的字数统计功能在____菜单中可找到。
A. 视图　B. 工具　C. 格式　D. 插入

37. 在 Word 2010 中，关于打印预览叙述错误的是____。
A. 打印预览是文档视图显示方式之一
B. 无法对打印预览的文档编辑
C. 预览的效果和打印出的文档效果相匹配
D. 在打印预览方式中可同时显示多页文档

38. 关于 Word 2010 的分栏，下列说法正确的是____。
A. 最多可以分 2 栏　B. 不能对部分段落分栏
C. 各栏的宽度可以不同　D. 各栏之间的间距是固定的

39. 在 Word 2010 中，将文字转换为表格时，不同单元格的内容需放入同一行时，文字间____。
A. 必须用逗号分隔开　B. 必须用空格分隔开
C. 必须用制表符分隔开
D. 可以用以上任意一种符号或其他符号分隔开

40. 在 Word 2010 的文本与表格转换中，正确的描述是____。
A. 只能将文本转换成表格　B. 只能将表格转换成文本
C. 不能进行相互转换　D. 可以互相转换

41. Word 2010 的文本框可用于将文本置于文档的指定位置，文本框中一般不能插入____。
A. 文本内容　B. 图形内容　C. 声音内容　D. GIF 动画

42. 要将在其他软件中制作的图片复制到当前 Word 2010 文档中，下列说法中正确的是____。

A. 不能将其他软件中制作的图片复制到当前 Word 文档中

B. 可通过剪贴板将其他软件中制作的图片复制到当前 Word 文档中

C. 先打开 Word 文档然后直接在 Word 环境下显示要复制的图片

D. 不能通过“复制”和“粘贴”命令来传递图形

43. 在 Word 2010 中，应用____可以快速、敏捷转移到任意一段文本的指定位置。

A. 大纲视图　　B. 文档构造图

C. 框架集中的目录　　D. 书签的定位功能

44. 在 Word 2010 中，“表格”菜单里的“排序”命令功能是____。

A. 在某一列中，根据各单元格内容的大小，调整它们的上下顺序

B. 在某一行中，根据各单元格内容的大小，调整它们的左右顺序

C. 在整个表格中，根据某一列各单元格内容的大小，调整各行的上下顺序

D. 在整个表格中，根据某一行各单元格内容的大小，调整各列的左右顺序

45. 在 Word 2010 表格中，如果想精确的确定单元格的列宽度，应____。

A. 使用鼠标拖动表格线

B. 使用鼠标拖动标尺上的“移动表格列”

C. 使用“表格”菜单中的“表格属性”对话框

D. 通过输入字符来控制

46. Word 中，两节之间的分节符被删除后，以下____说法正确。

A. 两部分依然坚持底本的节格式化信息

B. 下一节成为上一节的一部分，其格局按上一节的方法

C. 上一节成为下一节的一部分，其格式按下一节的方式

D. 保存两节雷同的节格式化信息部分

47. 在 Word 2010 的编辑状态，仅有一个窗口编辑文档 wd. docx，单击窗口菜单栏中的“拆分”命令后____。

A. 又为 wd. docx 文档打开了一个新窗口

B. wd. docx 文档的旧窗口被关闭，打开了一个新窗口

C. 仍是一个窗口，但窗口被分成上下两部分，两部分均显示 wd. docx 文档

D. 仍是一个窗口，但窗口被分成上下两部分，仅上部分显示 wd. docx 文档

48. 在 Word 2010 中，拆分单元格指的是____。

A. 把选取单元格按行列进行任意拆分

B. 从某两列之间把原来的表格分为左右两个表格

C. 从表格的正中间把原来的表格分为两个表格，方向由用户指定

D. 在表格中由用户任意指定一个区域，将其单独存为另一个表格

49. 在 Word 2010 的编辑状态，要想输入数学公式，应当使用插入菜单中的____。

A. 分隔符命令　　B. 对象命令　　C. 符号命令　　D. 页码命令

50. 在 Word 2010 中利用____可改变段落缩排方式、调整左右边界、改变表格栏宽度。

A. 工具栏　　B. 格式栏　　C. 符号栏　　D. 标尺

51. 在 Word 2010 中，在文档打印对话框的“打印页码”中输入“2,5,9—11”，则____。

A. 打印第 2 页、第 5 页、第 9 页、第 11 页

B. 打印第 2 页至第 5 页、第 9 页、第 11 页

C. 打印第 2 页、第 5 页、第 9 页至第 11 页

D. 打印第 2 页至第 5 页、第 9 页至第 11 页

52. 在 Word 2010 表格中，可对表格的内容进行排序。不能作为排序类型的是____。

A. 笔画　　B. 拼音　　C. 数字　　D. 偏旁部首

53. 关于 Word 2010，下面说法错误的是____。

A. 既可以编辑文本内容，也可以编辑表格

B. 可以利用 Word 制作网页

C. 可在 Word 2010 中直接将所编辑的文档通过电子邮件发送给接收者

D. Word 不能编辑数学公式

54. 在 Word 2010 的编辑状态，选定表格中的一个单元格，然后进行删除操作时____。

A. 可删除一行，也可删除一列，也可只删除一个单元格

B. 将删除该单元格所在的一行和一列

C. 只能删除该单元格所在的一列

D. 只能删除该单元格所在的一行

55. 在 Word 2010 中，页码与页眉页脚的关系是____。

A. 页眉页脚就是页码

B. 页码与页眉页脚分别设定，所以二者彼此毫无关系

C. 不设置页眉和页脚，就不能设置页码

D. 如果要求有页码，那么页码是页眉或页脚的一部分

56. 在 Word 2010 中，要求在打印文档时每一页上都有页码，____。

A. 已经由 Word 根据纸张大小分页时自动加上

B. 应当由用户执行“插入”菜单中的“页码”命令加以指定

C. 应当由用户执行“文件”菜单中的“页面设置”命令加以指定

D. 应当由用户在每一页的文字中自行输入

57. 在 Word 2010 的编辑状态，当前插入点在表格的任一个单元格内，按 Enter(回车)键后，____。

A. 插入点所在的行加高　　B. 对表格不起作用

C. 在插入点下增加一表格行　　D. 插入点所在的列加宽

58. Word 中，要给字符加上“七彩霓虹”效果，应先选中字符，再在“格式”→“字体”对话框中选择____。

A. 字体　　B. 色彩　　C. 文字效果　　D. 字符间距

59. 在 Word 2010 中，可以插入数学公式，在使用公式编辑器编辑的公式需要修改时，

____进行修改。

A. 双击公式对象　B. 单击公式对象　C. 直接　D. 不能

60. 在 Word 2010 中，文档中各段落前如果要有编号，可以采用命令来设置，该命令所在的菜单是____。

A. 编辑　B. 插入　C. 格式　D. 工具

61. 在 Word 2010 中，表格拆分指的是____

A. 从某两行之间把原来的表格分为上下两个表格

B. 从某两列之间把原来的表格分为左右两个表格

C. 从表格的正中间把原来的表格分为两个表格，方向由用户指定

D. 在表格中由用户任意指定一个区域，将其单独存为另一个表格

习题二　填空题

1. 如果希望在 Word 插入脚注，应当选择____________菜单的“插入脚注”命令。

2. 将源文件中的信息插入(复制)到目标文件中，称为对象的____________。

3. 在对新建的文档进行编辑操作时，若要将文档存盘，应当选用“文件”菜单中的____________命令。

4. 在 Word 中输入文本时，按 Enter 键后将产生____________符。

5. 通常 Word 文档文件的扩展名是____________。

6. 如果已有一个 Word 文件 A.docx，打开该文件并经过编辑修改后，希望以 B..docx 为名存储修改后的文档而不覆盖 A.docx，则应当从____________菜单中选择“另存为”命令。

7. 在 Word 中，如果一个文档的内容超过了窗口的范围，那么在打开这个文档时，窗口的右边(或下边)会出现一个____________。

8. 在 Word 中，用户在用 Ctrl+C 组合键将所选内容复制至剪贴板后，可以使用____________组合键将其粘贴到所需要的位置。

9. 在 Word 中，用户可以使用____________组合键选择整个文档的内容，然后对其进行剪贴或复制等操作。

10. 在 Word 中，要查看文档的统计信息(如页数、段落数、字数、字节数等)和一般信息，可以选择“文件”菜单中的____________菜单项。

习题一　选择题参考答案

1.B	2.B	3.A	4.D	5.B	6.B	7.D	8.C
9.C	10.D	11.D	12.D	13.C	14.D	15.B	16.C
17.B	18.A	19.A	20.B	21.A	22.B	23.A	24.A
25.B	26.D	27.C	28.B	29.B	30.A	31.C	32.A
33.B	34.C	35.B	36.B	37.B	38.C	39.D	40.D
41.C	42.B	43.D	44.C	45.C	46.C	47.C	48.A

49. B　50. D　51. C　52. D　53. D　54. A　55. D　56. B
57. A　58. C　59. A　60. C　61. A

习题二　填空题参考答案

1.“引用”　2. 嵌入　3.“保存”　4. 段落标记　5. docx
6.“文件”　7. 滚动条　8.　Ctrl＋V　9. Ctrl＋A　10.“属性”

四、Excel 2010 基础应用

习题一 选择题

1. 在 Excel 2010 中，将下列概念按由大到小的次序排列，正确的次序是____。

   A. 工作簿、工作表、单元格　　B. 单元格、工作表、工作簿

   C. 工作簿、单元格、工作表　　D. 工作表、单元格、工作簿

2. 在工作表任意位置要移向单元格 A1，按____键。

   A. Ctrl＋Home　　B. Home

   C. Alt＋Home　　D. PageUp

3. 如果单元格中输入内容以____开始，Excel 认为输入的是公式。

   A. ＝　　B. ！　　C. ＊　　D. ^

4. 活动单元格的地址显示在____内。

   A. 工具栏　　B. 状态栏　　C. 名称框　　D. 菜单栏

5. 要移向当前行的 A 列，按____键。

   A. Ctrl＋Home　　B. Home　　C. Alt＋Home　　D. PageUp

6. 公式中表示绝对单元格地址时使用____符号。

   A. ＊　　B. $　　C. ＃　　D. 都不对

7. 当向一个单元格粘贴数据时，粘贴数据____单元格中原有的数据。

   A. 取代　　B. 加到　　C. 减去　　D. 都不对

8. 如果单元格的数太大显示不下时，一组____显示在单元格内。

   A. ！　　B. ？　　C. ＃　　D. ＊

9. ____表示从 A5～F4 的单元格区域。

   A. A5—F4　　B. A5:F4　　C. A5＞F4　　D. 都不对

10. 在 Excel 2010 工作簿中，至少应含有的工作表个数是____。

    A. 1　　B. 2　　C. 3　　D. 4

11. Excel 选择工作表的方法是____。

    A. 移动工作表标签　　B. 拖动工作表标签

    C. 双击工作表标签　　D. 单击工作表标签

12. ____不是 Excel 中的函数种类。

    A. 日期和时间　　B. 统计　　C. 财务　　D. 图

13. 在 Excel 2010 工作表中，不正确的单元格地址是____。

    A. C$66　　B. C6$6　　C. $C66　　D. $C$66

14. . Excel 工作簿默认有____张工作表。

A. 2 个　B. 3 个　C. 4 个　D. 5 个

15. 在 Excel 2010 工作表中，正确的 Excel 公式形式为____。

A. =B3 * Sheet 3%A2　B. =B3 * Sheet 3 $ A2

C. =B3 * Sheet 3：A2　D. =B3 * Sheet 3！A2

16. 清单中的列被认为是数据库的____。

A. 字段　B. 字段名　C. 标题行　D. 记录

17. 记录单右上角显示的“5/10”表示清单____。

A. 等于 0.5

B. 共有 10 条记录，现在显示的是第 5 条记录

C. 是 5 月 10 日的记录

D. 是 10 月 5 日的记录

18. 对某列作升序排序时，则该列上有完全相同项的行将____。

A. 保持原始次序　B. 逆序排列

C. 重新排序　D. 排在最后

19. 在降序排序中，在排序列中有空白单元格的行会被____。

A. 放置在排序的数据清单最后　B. 放置在排序的数据清单最前

C. 不被排序　D. 保持原始次序

20. 选取“自动筛选”命令后，在清单上的____出现了下拉式按钮图标。

A. 字段名处　B. 所有单元格内　C. 空白单元格内　D. 底部

21. 在升序排序中，在排序列中有空白单元格的行会被____。

A. 放置在排序的数据清单最后　B. 放置在排序的数据清单最前

C. 不被排序　D. 保持原始次序

22. 一个工作簿里，最多可以含有____张工作表。

A. 3　B. 16　C. 127　D. 255

23. Excel 工作簿文件的扩展名为____。

A. doc　B. txt　C. xlsx　D. ppt

24. Excel 2010 工作表可以进行智能填充时，鼠标的形状为____。

A. 实心粗十字　B. 向左上方箭头　C. 向右上方前头　D. 实心细十字

25. Excel 2010 工作表中，在某单元格内输入数字“123”，不正确的输入形式是____。

A. * 123　B. =123　C. +123　D. 123

26. 一行与一列相交构成一个。

A. 窗口　B. 单元格　C. 区域　D. 工作表

27. 要在一个单元格中输入数据，这个单元格必须是____。

A. 空的　B. 必须定义为数据类型

C. 当前单元格　D. 行首单元格

28. 以下____可以作为有效的数字输入到工作表中。

A. 4.83　　B. 5%　　C. ¥53　　D. 以上所有都是

29. 在一个单元格里输入"AB"两个字符，在默认情况下，是按____格式对齐。

A. 左对齐　　B. 右对齐　　C. 居中　　D. 分散对齐

30. 在Excel单元格内输入计算公式时，应在表达式前加一前缀字符____。

A. 左圆括号"("　　B. 等号"="

C. 美元货币符号"$"　　D. 单引号"'"

31. 在单元格中输入数字字符串"100080"(邮政编码)时，应输入____。

A. 100080　　B. "100080　　C. '100080　　D. 100080'

32. 在Excel工作表中已输入的数据如下所示：

ABCDE

11010%=$A$1*C1

22020%

如将D1单元格中的公式复制到D2单元格中，则D2单元格的值为____。

A. ＃＃＃＃　　B. 2　　C. 4　　D. 1

33. 在Excel 2010工作簿中，有关移动和复制工作表的说法正确的是____。

A. 工作表只能在所在工作簿内移动不能复制

B. 工作表只能在所在工作簿内复制不能移动

C. 工作表可以移动到其他工作簿内，不能复制到其他工作簿内

D. 工作表可以移动到其他工作簿内，也可复制到其他工作簿内

34. 在Excel 2010工作表中，单元格D5中有公式"=$B$2+C4"，删除第A列后C5单元格中的公式为____。

A. =$A$2+B4　　B. =$B$2+B4

C. =$A$2+C4　　D. =$B$2+C4

35. 在Excel 2010工作表中，第11行第14列单元格地址可表示为____。

A. M10　　B. N10　　C. M11　　D. N11

36. 在Excel 2010工作表中，在某单元格的编辑区输入"(8)"，单元格内将显示____。

A. −8　　B. (8)　　C. 8　　D. +8

37. 在Excel 2010工作表中，单击某有数据的单元格，当鼠标为向左方空心箭头时，仅拖动鼠标可完成的操作是____。

A. 复制单元格内数据　　B. 删除单元格内数据

C. 移动单元格内数据　　D. 不能完成任何操作

38. 在Excel 2010工作表中，给当前单元格输入数值型数据时，默认为____。

A. 居中　　B. 左对齐　　C. 右对齐　　D. 随机

39. Excel的主要功能是。

A. 文字处理　　B. 数据处理

C. 资源管理　　D. 演示文稿管理

40. 已知工作表"商品库"中单元格F5中的数据为工作表"月出库"中单元格D5与工

作表“商品库”中单元格 G5 数据之和，若该单元格的引用为相对引用，则 F5 中的公式是____。

A. ＝月出库！＄D＄5＋＄G＄5　　B. ＝＄D＄5＋＄G＄5

C. ＝D5＋商品库！G5　　D. ＝月出库！D5＋G5

41. 在 Excel 2010 中，一个工作表最多可含有的行数是____。

A. 255　　B. 256　　C. 1048576　　D. 任意多

42. 在 Excel 2010 工作表中，单元格区域 D2：E4 所包含的单元格个数是____。

A. 5　　B. 6　　C. 7　　D. 8

43. Excel 2010 工作表中，选定某单元格，执行“单元格”组中的“删除”命令，不可能完成的操作是____。

A. 删除该行　　B. 右侧单元格左移

C. 删除该列　　D. 左侧单元格右移

44. Excel 工作表中，同时选择多个不相邻的工作表，可以在按住____键的同时依次单击各个工作表的标签。

A. Ctrl　　B. Alt　　C. Shift　　D. Tab

45. Excel 工作表单元格中，输入下列表达式____是错误的。

A. ＝(15－A1)/3　　B. ＝A2/C1

C. SUM(A2：A4)/2　　D. ＝A2＋A3＋D4

46. 向 Excel 工作表单元格输入公式时，使用单元格地址 D＄2 引用 D 列 2 行单元格，该单元格的引用称为____。

A. 交叉地址引用　B. 混合地址引用　C. 相对地址引用　D. 绝对地址引用

47. 填充序列是通过____选项卡中的功能来实现的。

A.“开始”　　B.“插入”　　C.“公式”　　D.“视图”

48. 若只想复制单元格内的公式而不复制格式时，应在选定目标单元格后执行____命令。

A.“剪切”　　B.“复制”　　C.“粘贴”　　D.“选择性粘贴”

49. 在 Excel 2010 中，使用图表向导为工作表中的数据建立图表，正确的说法是____。

A. 只能建立一张单独的图表工作表，不能将图表嵌入到工作表中

B. 只能为连续的数据区建立图表，数据区不连续时不能建立图表

C. 图表中的图表类型一经选定建立图表后，将不能修改

D. 当数据区中的数据系列被删除后，图表中的相应内容也会被删除

50. 图表是工作表数据的一种表示形式，改变图表的____后，图表会自动更新。

A. X 轴　　B. Y 轴　　C. 标题　　D. 源数据

51. 单元格区域第 2 列、第 1 行到第 4 列、第 5 行表示为____。

A. B1：D5　　B. 1B：5D　　C. A2：E4　　D. 2A：4E

52. 在工作表中，将相对引用 D2＝B2 ＊ C2 的公式复制到 D3 单元格中，公式会变成____。

A. =B2*C2　　B. =B3*C3　　C. B4*CA　　D. BS*C5

53. 在Excel中要把当前的工作簿保存为模板文件，应选择的保存类型是____。

A. *. xls　　B. *. xltx　　C. *. doc　　D. *. htm

54. Excel中，在A1单元格输入“6/20”后，该单元格中显示的内容是____。

A. 0.3　　B. 6月20日　　C. 3/10　　D. 6/20

55. Excel中，存放数值的区域是B2:G90，则求区域B2:B90和E2:E90中最大值的计算公式是____。

A. =MAX(B2:B90,E2:E90)　　B. =MAX(B2:E90)

C. =MAX(B90:E2)　　D. =MAX(B2,B90,E2,E90)

56. 在Excel中，公式“=SUM(C2,E3:F4)”的含义是____。

A. =C2+E3+E4+F3+F4　　B. =C2+E3

C. =C2+E3+F4　　D. =C2+F4

57. 在工作表标签上双击，可对工作表名称进行____操作。

A. 计算　　B. 变大小　　C. 隐藏　　D. 重新命名

58. SUM(10,3,7,4)相当于____。

A. 24　　B. 13　　C. 17　　D. 14

59. 函数AVERAGE(范围)的功能是____。

A. 求范围内所有数字的平均值　　B. 求范围内数据的个数

C. 求范围内所有数字的和　　D. 返回函数中的最大值

60. 若在单元格中出现一串的“#####”符号，则____。

A. 需重新输入数据　　B. 需调整单元格的宽度

C. 需删去该单元格　　D. 需删去这些符号

61. 在Excel中，A1单元格设定其数字格式为整数，当输入“33.51”时，显示为____。

A. 33.51　　B. 33　　C. 34　　D. ERROR

62. Excel 2010中，在打印学生成绩单时，对不及格的成绩用醒目的方式表示（如用红色表示等），当要处理大量的学生成绩时，利用____命令最为方便。

A. “查找”　　B. “条件格式”　　C. “数据筛选”　　D. “定位”

63. 在Excel工作表左上角的名称框中输入____不是引用B列第5行单元格。

A. 5B　　B. $B$5　　C. B5　　D. $B5

64. 工作表中表格大标题居中显示的一般方法是____。

A. 在标题行处于表格宽度居中位置的单元格中输入公式

B. 在标题行任一单元格输入标题，再单击“居中”按钮

C. 在标题行任一单元格输入标题，再单击“合并及居中”按钮

D. 在标题行任一单元格输入标题，选定标题行处于表格宽度范围内的所有单元格，然后单击“合并及居中”按钮

65. 在Excel 2010中，如果单元格B2中为“星期一”，那么向下拖动填充手柄到B4，则B4中应为____。

A. 星期一　B. 星期二　C. 星期三　D. ＃REF

66. 在Excel中的某个单元格中输入文字，若要文字能自动换行，可利用“设置单元格格式”对话框的____选项卡，选择“自动换行”。

A.“数字”　B.“对齐”　C.“图案”　D.“保护”

67. 在复制Excel公式时，为使公式中的____，必须使用绝对地址(引用)。

A. 单元格地址随新位置而变化　B. 范围随新位置而变化

C. 范围不随新位置而变化　D. 范围大小随新位置而变化

68. 在Excel 2010中，当公式中出现被零除的现象时，产生的错误值是____。

A. ＃N/A!　B. ＃DIV/0!　C. ＃NUM!　D. ＃VALUE!

69. 在Excel的数据清单中，若根据某列数据对数据清单进行排序，可以利用工具栏上的“降序”按钮，此时用户应先____。

A. 选取该列数据　B. 选取整个数据清单

C. 单击该列数据中任一单元格　D. 单击数据清单中任一单元格

70. 把单元格指针移到Y100的最简单的方法是____。

A. 拖动滚动条　B. 按Ctrl＋Y100键

C. 在名称框输入“Y100”

D. 先用Ctrl＋&＃61658;移到Y列，再用Ctrl＋&＃61660;移到100行

71. 打印工作前就能看到实际打印效果的操作是。

A. 仔细观察工作表　B. 打印预览

C. 按F8键　D. 分页预览

72. 在Excel中，数据可以按图形方式显示在图表中。当修改工作表数据时，图表____。

A. 不会更新　B. 使用命令才能更新

C. 自动更新　D. 必须重新设置数据源区域才能更新

73. Excel工作簿中既有工作表又有图表，当执行“文件”菜单中的“保存”命令时，则____。

A. 只保存工作表文件

B. 只保存图表文件

C. 将工作表和图表作为一个文件来保存

D. 分成两个文件来保存

74. Excel中，在对数据清单进行分类汇总之前，必须做的操作是____。

A. 排序　B. 筛选　C. 合并计算　D. 指定单元格

75. 选定工作表中多个不连续的矩形区域内的单元格。先用单区域选定方式选中第一个矩形区域，再按住____键不放手，选定其他矩形区域。

A. Shift　B. Ctrl　C. Alt　D. Space

76. 在Excel中，将本工作表中C4至C9区域中的值相加，正确的公式为____。

A. SUM(C4:C9)　B. SUM(C4:C9)＝

C. ＝SUM(C4:C9)　　　　D. ＝SUM(C4,C9)

77. 在 Excel 中，用鼠标拖曳方式进行单元格复制时，应按住____键。

A. Shift　　B. Ctrl　　C. Alt　　D. Del

78. 在 Excel 2010 工作表中，给当前单元格输入文本型数据时，默认为____。

A. 居中　　B. 左对齐　　C. 右对齐　　D. 随机

79. 从“程序”级联菜单中选择 Microsoft Excel 选项启动 Excel 2010 之后，系统会自动建立一个空工作簿，其名为____。

A. 工作簿 1　　B. Book　　C. Sheet 1　　D. Sheet

80. 在 Excel 2010 工作表的某单元格内输入数字字符串“456”，正确的输入方式是____。

A. 456　　B. ’456))　　C. ＝456　　D. “456”

81. Excel 2010 中，关于工作表及为其建立的嵌入式图表的说法，正确的是____。

A. 删除工作表中的数据，图表中的数据系列不会删除

B. 增加工作表中的数据，图表中的数据系列不会增加

C. 修改工作表中的数据，图表中的数据系列不会修改

D. 以上三项均不正确

82. 在 Excel 中，选取整个工作表的方法是____。

A. 单击“编辑”菜单中的“全选”命令

B. 单击工作表的“全选”按钮

C. 单击 A1 单元格，然后按住 Shift 键单击当前屏幕的右下角单元格

D. 单击 A1 单元格，然后按住 Ctrl 键单击工作表的右下角单元格

83. 在 Excel 中，要在同一工作簿中把工作表 Sheet 3 移动到 Sheet 1 前面，应____。

A. 单击工作表 Sheet 3 标签，并沿着标签行拖动到 Sheet 1 前

B. 单击工作表 Sheet 3 标签，并按住 Ctrl 键沿着标签行拖动到 Sheet 1 前

C. 单击工作表 Sheet 3 标签，并单击“编辑”菜单中的“复制”命令，然后单击工作表 Sheet 1 标签，再单击“编辑”菜单中的“粘贴”命令

D. 单击工作表 Sheet 3 标签，并单击“编辑”菜单中的“剪切”命令，然后单击工作表 Sheet 1 标签，再单击“编辑”菜单中的“粘贴”命令

84. Excel 2010 中，改变工作表中单元格的列宽，可以用鼠标拖动____。

A. 单元格右边的边框线　　B. 列号左边的边框线

C. 列号右边的边框线列交界处　　D. 行号下边的边框线

85. 如果要在 D 列和 E 列(已有数据)之间插入 3 个空白列，则首先应选定____。

A. D 列　　B. E 列　　C. D、E、F 列　　D. E、F、G 列

86. Excel 2010 中的合并单元格如何进行设定？____

A. “编辑”菜单中的“合并单元格”命令

B. “视图”菜单中的“合并单元格”命令

C. “单元格格式”对话框中的“对齐”选项卡

D.“单元格格式”对话框中的“边框”选项卡

87. 要改变单元格中内容的格式可以使用“单元格格式”对话框的哪个选项？____

A. 对齐　　B. 数字　　C. 字体　　D. 文本

88. 在 Excel 2010 工作表中，某单元格内有“1.37”为数值格式 1.37，如将其格式改为货币格式￥1.37，单击该单元格，则____。

A. 单元格内和编辑栏内均显示数值格式

B. 单元格内和编辑栏内均显示货币格式

C. 单元格内显示数值格式，编辑栏内显示货币格式

D. 单元格内显示货币格式，编辑栏内显示数值格式

89. Excel 2010 工作簿中，有 Sheet 1、Sheet 2、Sheet 3 三个工作表，连续选定该 3 个工作表，在 Sheet 1 工作表的 A1 单元格内输入数值“9”，则 Sheet 2 工作表和 Sheet 3 工作表中 A1 单元格内____。

A. 内容均为数值“0”　　B. 内容均为数值“9”

C. 内容均为数值“10”　　D. 无数据

90. 在 Excel 2010 的表示中，____是绝对地址引用。

A. ＄D5　　B. E＄6　　C. F8　　D. ＄G＄9

91. 在 Excel 2010 中，单元格范围引用符为____。

A. .　　B. ;　　C. ,　　D. :

92. Excel 2010 规定，公式必须以____开头。

A. ,　　B. =　　C. .　　D. *

93. ____表示一个单元格的地址是第二行第一列。

A. A1　　B. BI　　C. RIC2　　D. A2

94. Excel 中有一图书库存管理工作表，数据清单字段名有图书编号、书名、出版名称、出库数量、入库数量、出入库日期。若统计各出版社图书的“出库数量”总和及“入库数量”总和，应对数据进行分类汇总，分类汇总前要对数据排序，排序的主要关键字应是____。

A. 入库数量　　B. 出库数量　　C. 书名　　D. 出版社名称

95. 可以从指定位置截取字符的字符串函数是____。

A. Left　　B. Rank　　C. Right　　D. Mid

96. 某公式中引用了一组单元格，它们是(C3:D7,A2,F1)，该公式引用的单元格总数为____个。

A. 4　　B. 8　　C. 12　　D. 6

97. 在 Excel 的图表中，可以显示随时间变化而变化的连续数据，显示在相等时间间隔下数据的趋势的图表类型是____。

A. 柱形图　　B. 折线图　　C. 面积图　　D. XY 散点图

98. 在 Excel 工作表单元格中，输入下列____表达式是错误的。

A. =(15−A1)/3　　B. =A2/C1

C. SUM(A2:A4)/2　　D. ＝A2＋A3＋D4

99. 在 Excel 2010 中，为了激活某一张工作表，可以单击____。

A. 单元格　B. 工作表　C. 工作表标签　D. 标签滚动条按钮

100. 首次启动 Excel 2010 后默认显示的选项卡是____。

A. "开始"选项卡　　B. "插入"选项卡

C. "公式"选项卡　　D. "数据"选项卡

习题二　填空题

1. 用来将单元格 D6 与 E6 的内容相乘的公式是________。
2. 将单元格 A2 与 C4 的内容相加，并对其和除以 4 的公式是________。
3. 一个____________是工作表中的一组单元格。
4. 要输入数字型文本，所输入的数字以____________开头。
5. 要清除活动单元格中的内容，按____________键。
6. 要垂直显示单元格中的文本，首先选择"开始"选项卡中的____________命令。
7. 用____________命令可以改变工作表中的文本、数或单元格的外观形象。
8. ____________函数可用来查找一组数中的最大数。
9. 打印工作表而不带行间横线时，不能选择"页面设置"对话框中的________选项。
10. 选定连续区域时，可用鼠标和____________键来实现。
11. 选定不连续区域时，可用鼠标和____________键来实现。
12. 选定整行，可将光标移到____________上，单击鼠标左键即可。
13. 选定整列，可将光标移到____________上，单击鼠标左键即可。
14. 选定整个工作表，单击边框左上角的____________按钮即可。
15. 若在单元格的右上角出现一个红色的小三角，说明该单元格加了____________。
16. 在 Excel 内部预置有____________类各式各样的图表类型。
17. 在 Excel 中，放置图表的方式有____________和____________两种。
18. 正在处理的工作表称为____________工作表。
19. 完整的单元格地址通常包括工作簿名、____________标签名、列标号、行标号。
20. 在 Excel 中，公式都是以"＝"开始的，后面由____________和运算符构成。

习题三　判断题

1. 在 Word 中我们处理的是文档，在 Excel 中我们直接处理的对象称为工作簿。(　　)
2. 工作表是指在 Excel 环境中用来存储和处理工作数据的文件。(　　)
3. 正在处理的单元格称为活动的单元格。(　　)
4. 在 Excel 中，公式都是以"＝"开始的，后面由操作数和函数构成。(　　)
5. 清除是指对选定的单元格和区域内的内容作清除操作。(　　)
6. 删除是指将选定的单元格和单元格内的内容一并删除。(　　)

7. 每个单元格内最多可以存放256个半角字符。( )

8. 单元格引用位置基于工作表中的行号列标。( )

9. 相对引用的含义是:把一个含有单元格地址引用的公式复制到一个新的位置或用一个公式填入一个选定范围时,公式中的单元格地址会根据情况而改变。( )

10. 运算符用于指定对操作数或单元格引用数据执行何种运算。( )

11. 如果要修改计算的顺序,可把公式中需首先计算的部分括在方括号内。( )

12. 比较运算符可以比较两个数值并产生逻辑值 TRUE 或 FALSE。( )

13. 可同时将数据输入到多张工作表中。( )

14. 选取不连续的单元格,需要用 Alt 键配合。( )

15. 选取连续的单元格,需要用 Ctrl 键配合。( )

习题一 选择题参考答案

1. A	2. A	3. A	4. C	5. B	6. B	7. A	8. C
9. B	10. A	11. D	12. D	13. B	14. B	15. D	16. A
17. B	18. A	19. A	20. A	21. A	22. D	23. C	24. D
25. A	26. B	27. C	28. D	29. A	30. B	31. C	32. B
33. D	34. B	35. D	36. A	37. C	38. C	39. B	40. D
41. C	42. B	43. D	44. A	45. C	46. B	47. A	48. D
49. D	50. D	51. A	52. B	53. B	54. B	55. A	56. A
57. D	58. A	59. A	60. B	61. C	62. B	63. A	64. D
65. C	66. B	67. C	68. B	69. C	70. C	71. B	72. C
73. C	74. A	75. B	76. C	77. B	78. B	79. A	80. B
81. D	82. B	83. A	84. C	85. D	86. C	87. B	88. D
89. B	90. D	91. D	92. B	93. D	94. D	95. D	96. C
97. B	98. C	99. C	100. A				

习题二 填空题参考答案

1. =D6*E6 2. =(A2+C4)/4 3. 区域 4. 单引号 5. Del

6."单元格" 7."格式" 8. MAX 9."网格线" 10. Shift

11. Ctrl 12. 行号 13. 列标 14."全选" 15. 批注

16. 14 17. 嵌入 独立 18. 当前 19. 工作表

20. 常量、函数、单元格引用

习题三 判断题参考答案

1. √	2. √	3. √	4. ×	5. √	6. √	7. ×	8. ×
9. √	10. √	11. ×	12. √	13. √	14. ×	15. ×	

五、PowerPoint 2010 基础应用

习题一　选择题

1. PowerPoint 2010 演示文档的扩展名是____。

A. . pptx　　B. . pwt　　C. . xsl　　D. . docx

2. 在 PowerPoint 中，改变正在编辑的演示文稿模板的方法是____。

A. 选择“格式”菜单中的“应用设计模板”命令

B. 选择“工具”菜单中的“版式”命令

C. 选择“幻灯片放映”菜单中的“自定义动画”命令

D. 选择“格式”菜单中的“幻灯片版式”命令

3. 在 PowerPoint 2010 ____视图中可以对幻灯片进行移动、复制和排序等操作。

A. 幻灯片　　B. 幻灯片浏览　　C. 幻灯片放映　　D. 备注页

4. 在 PowerPoint 中，“格式”下拉菜单中的____命令可以用来改变某一幻灯片的布局。

A. “背景”　　B. “幻灯片版式”

C. “幻灯片配色方案”　　D. “字体”

5. 如果要在幻灯片浏览视图中选定多张幻灯片，应按下____。

A. Alt 键　　B. Shift 键　　C. Ctrl 键　　D. Tab 键

6. PowerPoint 2010 中，在浏览视图下，按住 Ctrl 键并拖动某幻灯片，可以完成____操作。

A. 移动幻灯片　　B. 复制幻灯片　　C. 删除幻灯片　　D. 选定幻灯片

7. PowerPoint 2010 中，有关删除幻灯片的说法中错误的是____。

A. 选定幻灯片，单击“编辑”菜单中的“删除幻灯片”命令

B. 如果要删除多张幻灯片，切换到幻灯片浏览视图。按下 Ctrl 键并单击各张幻灯片，然后单击“删除幻灯片”按钮

C. 如果要删除多张不连续幻灯片，切换到幻灯片浏览视图。按下 Shift 键并单击各张幻灯片，然后单击“删除幻灯片”按钮

D. 在大纲视图下，单击选定幻灯片，按 Del 键

8. 在 PowerPoint 2010 演示文稿中，将某张幻灯片版式更改为“垂直排列文本”，应选择的菜单是____。

A. “视图”　　B. “插入”　　C. “格式”　　D. “幻灯片放映”

9. 在 PowerPoint 2010 中，幻灯片模板的设置可以____。

A. 统一整套幻灯片的风格　　B. 统一标题内容

C. 统一图片内容　　D. 统一页码内容

10. 在 PowerPoint 2010 幻灯片浏览视图下，不可以____。

A. 插入幻灯片　　B. 改变幻灯片的顺序

C. 删除幻灯片　　D. 编辑幻灯片中的文字

11. 在 PowerPoint 2010 中，新建演示文稿已选定“狂热型”应用设计模板，在文稿中插入一个新幻灯片时，新幻灯片的模板将____。

A. 采用默认型设计模板　　B. 采用已选定设计模板

C. 随机选择任意设计模板　　D. 用户指定另外设计模板

12. 在 PowerPoint 2010 的____中插入的对象可出现在每张幻灯片中。

A. 版式　　B. 模板　　C. 母版　　D. 备注页

13. 在 PowerPoint 2010 中，为了在切换幻灯片时添加声音，可以使用____菜单中的“幻灯片切换”命令。

A.“幻灯片放映”　　B.“工具”

C.“插入”　　D.“编辑”

14. 在 PowerPoint 2010 中，若为幻灯片中的对象设置飞入效果，应选择____对话框。

A.“自定义动画”　B.“幻灯片版式”　C.“自定义放映”　D.“幻灯处放映”

15. 欲为幻灯片中的文本创建超级链接，可用____菜单中的“超级链接”命令。

A.“文件”　　B.“编辑”　　C.“插入”　　D.“幻灯片”

16. 用户在 PowerPoint 2010 的演示文稿中添加超级链接后，可以利用它在放映幻灯片时跳转到设定的____。

A. 其他的演示文稿　　B. Word 文档或 Excel 电子表格

C. URL　　D. 以上均可

17. 关于 PowerPoint 2010 中“自定义动画”对话框的设置，下列说法是正确的____。

A. 鼠标和时间都不能控制动画的启动

B. 只能用鼠标来控制、不能用时间来控制动画的启动

C. 既能用鼠标来控制、也能用时间来控制动画的启动

D. 只能用时间来控制、不能用鼠标来控制动画的启动

18. 在 PowerPoint 2010 中，设置幻灯片放映时的换页效果为垂直百叶窗，应使用“幻灯片放映”菜单下的____选项。

A.“动作按钮”　　B.“幻灯片切换”

C.“预设动画”　　D.“自定义动画”

19. 在 PowerPoint 2010 中，对于演示文稿中不准备放映的幻灯片可以用____下拉菜单中的“隐藏幻灯片”命令隐藏。

A.“工具”　　B.“视图”　　C.“编辑”　　D.“幻灯片放映”

20. 在 PowerPoint 2010 中，对于已创建的多媒体演示文档可以用____命令转移到其他未安装 PowerPoint 2010 的计算机上放映。

A.“文件”→“打包”　　B.“文件”→“发送”

C. “复制” D. “幻灯片放映”→“设置幻灯片放映”

21. 自定义动画时，以下不正确的说法是____。

A. 各种对象均可设置动画 B. 动画设置后，先后顺序不可改变

C. 可以删除添加的效果 D. 动画设置后，先后顺序可以改变

22. 在幻灯片视图窗格中，在状态栏中出现了“幻灯片 2/7”文字，则表示____。

A. 共有 7 张幻灯片，目前只编辑了两张

B. 共有 7 张幻灯片，目前显示的是第 2 张

C. 共编辑了 2/7 张的幻灯片

D. 共有 9 张幻灯片，目前显示的是第 2 张

23. 下面哪种不是放映幻灯片的方法？____

A. 演讲者放映 B. 观众自行浏览 C. 在展台浏览 D. 幻灯片浏览

24. 打印演示文稿时默认打印的内容是____。

A. 幻灯片 B. 讲义 C. 备注页 D. 大纲视图

25. 在 PowerPoint 中，下面关于自定义放映说法错误的是____。

A. 可以创建一个或多个自定义放映方案

B. 可选择演示文稿中多张单独的幻灯片组成一个自定义放映方案

C. 可设定放映方案中各幻灯片的放映顺序

D. 不能对已创建的放映方案进行编辑或删除操作

26. PowerPoint 设置放映方式时，以下哪种放映幻灯片设置是错误的？____

A. 可设置为全部放映

B. 可设置放映从第 3～第 10 张幻灯片

C. 可选择已经设好的一种自定义放映方式

D. 不能设置，只能默认放映全部

27. 在 PowerPoint 2010 中，放映时，对于定位幻灯片说法错误的是____。

A. 单击右键，选择“上一张”或“下一张”命令

B. 单击右键，选择“定位至幻灯片”命令，再选择其中的某一张幻灯片

C. 单击右键，选择“自定义放映”命令，再选择其中的一张自定义放映

D. 不能定位，只能一张一张按顺序放映

28. 关于排练计时，下列说法正确的是____。

A. 必须通过“排练计时”命令设定演示时幻灯片的播放时间长短

B. 可以设定演示文稿中的部分幻灯片具有定时播放效果

C. 只能通过排练计时来修改设置好的自动演示时间

D. 可以通过“设置放映方式”对话框来更改自动演示时间

29. 在 PowerPoint 2010 中，关于设置放映时间，错误的说法是____。

A. 单击“幻灯片放映”下拉菜单的“幻灯片切换”命令，选中“每隔”复选框，输入时间

B. 单击“幻灯片放映”下拉菜单的“幻灯片切换”命令，选中“每隔”复选框，输入时

间,并单击"应用于所有幻灯片"按钮

C. 单击"幻灯片放映"菜单下的"排练计时"命令并设置时间

D. 使用"排练计时"命令时,放映到最后一张幻灯片时,系统不会显示总共放映的时间

30. 对 PowerPoint 2010 演示文稿进行加密保护,正确的操作是____。

A. 在"工具"下拉菜单中单击"选项"命令,选择"安全性"选项卡进行设置

B."格式"下拉菜单

C."表格"下拉菜单　　D."视图"下拉菜单

31. 下列说法错误的一项是____。

A. 在 PowerPoint 中可插入电影

B. 在 PowerPoint 中可插入声音

C. 在 PowerPoint 中可进行录音

D. 在 PowerPoint 中不能插入电影、声音和录音

32. 在 PowerPoint 中,可以在____中将幻灯片设置成纵向或横向。

A. 幻灯片版式　　B. 幻灯片切换

C. 应用设计模板　　D. 页面设置

33. 在 PowerPoint 的一张幻灯片中,若一幅图片及文本框都设置成一致的动画显示效果时,则____是正确的。

A. 图片有动画效果,文本框没有动画效果

B. 图片没有动画效果,文本框有动画效果

C. 图片有动画效果,文本框有动画效果

D. 图片没有动画效果,文本框没有动画效果

习题二　填空题

1. PowerPoint 2010 窗口中有 5 个视图切换按钮,它们分别是大纲视图、幻灯片视图、幻灯片放映、________和备注视图。

2. 幻灯片的母版类型包括________、标题母版、讲义母版和备注母版。

3. 在放映幻灯片时,若要中途退出播放状态,应按________功能键。

4. 在 PowerPoint 中,为每张幻灯片设置切换声音效果的方法是使用"幻灯片放映"菜单下的________命令。

5. 在 PowerPoint 中,能够观看演示文稿的整体实际播放效果的视图格式是________。

6. PowerPoint 的扩展名为________,模板的扩展名为________。

7. 在"设置放映方式"对话框中有 3 种放映类型,分别为________、________和________。

8. 在设置放映时间时用户可以采用两种方法:________和________。

9. 利用________用户可以快速统一演示文稿的外观。

10. 在进行演讲者放映时,用户使用绘图笔不仅可以画线,还可以________

和____________。

习题三 判断题

1. PowerPoint 2010 幻灯片设计的配色方案中，配色方案只能应用于所有幻灯片。（ ）

2. 在配色方案中可以自定义配色方案颜色并添加为标准配色方案，也可删除某种配色方案。（ ）

3. 在一张幻灯片或者母版上可以应用多种背景类型。（ ）

4. 幻灯片可以设置图片背景、过渡、纹理、图案效果。（ ）

5. 标题母版和幻灯片母版共同决定了整个演示文稿的外观。（ ）

6. 标题母版能影响所有版式的幻灯片。（ ）

7. 幻灯片切换效果只能应用于所有幻灯片。（ ）

8. 用户不但可以为幻灯片中的文本对象设置动画效果，还可以为图片、艺术字、组织结构图、图形等对象设置“爆炸”的强调动画效果。（ ）

9. 要设置幻灯片放映的时间间隔，可以人工设置放映时间和排练计时。（ ）

10. 用户可以利用超链接将某一段文本或图片链接到另一张幻灯片。（ ）

习题一 选择题参考答案

1. A	2. A	3. B	4. B	5. C	6. B	7. C	8. C
9. A	10. D	11. B	12. C	13. A	14. A	15. C	16. D
17. C	18. B	19. D	20. A	21. B	22. B	23. D	24. A
25. D	26. D	27. D	28. B	29. D	30. A	31. D	32. D
33. C							

习题二 填空题参考答案

1. 幻灯片浏览 2. 幻灯片母版 3. Esc 4.“幻灯片切换”

5. 幻灯片放映视图 6. .ppt，.pot 7. 演讲者放映，观众自行浏览，在展台浏览

8. 人工设置放映时间，设置排练计时 9. 设计模板

10. 书写文字，绘画

习题三 判断题参考答案

1. ×	2. √	3. ×	4. √	5. √	6. ×	7. ×	8. √
9. √	10. √						

六、计算机网络与 Internet

习题一　选择题

1. ____不属于计算机网络的资源子网。

A. 主机　　B. 网络操作系统

C. 网关　　D. 网络数据库系统

2. 下列关于计算机网络使用的几种认识中，违反我国《计算机信息网络国际互联网安全保护管理办法规定》的是____。

A. 不捏造事实，散布谣言

B. 不侮辱他人诽谤他人

C. 不损害国家机关信誉

D. 网络是自由的，可以随意地发布各类信息

3. 下列关于网络的特点的几个叙述中，不正确的一项是____。

A. 网络中的数据共享

B. 网络中的外部设备可以共享

C. 网络中的所有计算机必须是同一品牌、同一型号

D. 网络方便了信息的传递和交换

4. 反映宽带通信网络网速的主要指标是____。

A. 带宽　　B. 带通　　C. 带阻　　D. 宽带

5. 关于 TCP/IP 协议的描述中，错误的是____。

A. TCP/IP 协议由四层组成

B. TCP/IP 协议的中文名是“传输控制协议/互联协议”

C. TCP/IP 协议中只有两个协议

D. TCP/IP 协议是互联网的通信基础

6. 计算机网络中的服务器是指____。

A. 32 位总线的高档微机

B. 具有通信功能的 PII 微机或奔腾微机

C. 为网络提供资源，并对这些资源进行管理的计算机

D. 具有大容量硬盘的计算机

7. 在局域网中，各工作站计算机之间的信息____。

A. 可以任意复制　　B. 可以无条件共享

C. 不能进行复制　　D. 可以设置资源共享

8. 连接在网络中的请求服务的计算机一般被称为____。

A. 工作站　B. 服务器　C. 交换机　D. 路由器

9. 在计算机网络中，用于提供网络服务的计算机一般被称为____。

A. 服务器　B. 移动 PC　C. 工作站　D. 工业 PC

10. 在网络通信中，网速与____无关。

A. 网卡　B. 运营商开放的带宽

C. 单位时间内访问量的大小　D. 硬盘大小

11. 一台计算机联入局域网后，下列描述错误的是____。

A. 可以获取网络中的其他计算机共享资源

B. 可以共享网络打印机

C. 不能限制其他计算机的共享访问

D. 可以为其他计算机提供共享资源

12. 在计算机局域网中，以文件数据共享为目标，需要将多台计算机共享的文件存放于一台被称为____的计算机中。

A. 路由器　B. 网桥　C. 网关　D. 文件服务器

13. ____是通信双方为实现通信所作的约定或对话规则。

A. 通信机制　B. 通信协议　C. 通信法规　D. 通信章程

14. 计算机网络的目标是实现。

A. 文件查询　B. 信息传输与数据处理

C. 数据处理　D. 信息传输与资源共享

15. 开放系统互联参考模型 OSI/RM 分为层。

A. 4　B. 6　C. 7　D. 8

16. 网络协议是____。

A. IPX

B. 为网络数据交换而制定的规则、约定与标准的集合

C. TCP/IP　D. NETBEUI

17. 下列关于网络协议的叙述中，正确的是____。

A. 网络协议是网民签订的合同

B. 网络协议，简单地说就是为了网络信息传递，共同遵守的约定

C. TCP/IP 协议只能用于 Internet，不能用于局域网

D. 拨号网络对应的协议是 IPX/SPX

18. 计算机通信中数据传输速率单位 bps 代表____。

A. baud per second　B. byte per second

C. bit per second　D. billion per second

19. 计算机通信就是将一台计算机产生的数字信号通过____传送给另一台计算机。

A. 数字信道　B. 通信信道　C. 模拟信道　D. 传送信道

20. 网络按通信范围分为____。

A. 局域网、以太网、广域网　　B. 局域网、城域网、广域网
C. 电缆网、城域网、广域网　　D. 中继网、局域网、广域网

21. 一般认为,当前的 Internet 起源于____。
A. Ethernet　　B. 美国的 ARPANET
C. CDMA　　D. ADSL

22. 人们若想通过 ADSL 宽带上网,下列____不是必需的。
A. 网卡　　B. 采集卡
C. 网线　　D. 用户名和密码

23. 在下列网络接入方式中,不属于宽带接入的是____。
A. 电话拨号接入　　B. 城域网接入
C. LAN 接入　　D. 光纤接入

24. 和广域网相比,局域网____。
A. 有效性好但可靠性差　　B. 有效性差但可靠性好
C. 有效性好可靠性也好　　D. 只能采用基带传输

25. 远程登录服务是可以控制远程的计算机,它的英文名称是____。
A. DNS　　B. TELNET　　C. Internet　　D. SMPT

26. 通常用一个交换机作为中央节点的网络拓扑结构是____。
A. 总线型　　B. 环状　　C. 星型　　D. 层次型

27. 下列 4 个网络属于局域网的是____。
A. 因特网　　B. 校园网　　C. 上海热线　　D. 中国教育网

28. 某网络中的各计算机的地位平等,没有主从之分,我们把这种网络称为____。
A. 互联网　　B. 客户/服务器网络操作系统
C. 广域网　　D. 对等网

29. 中国家庭用户连接 Internet 使用最多的是____。
A. 中国公用计算机互联网(CHINANET)
B. 中国科学技术网
C. 中国教育和科研计算机网
D. 中国金桥信息网

30. Internet 属于____类型的网络。
A. 局域网　　B. 城域网　　C. 广域网　　D. 企业网

31. 关于局域网的叙述,错误的是____。
A. 可安装多个服务器　　B. 可共享打印机
C. 可共享服务器硬盘
D. 所有的共享数据都存放在服务器中

32. 当网络中任何一个工作站发生故障时,都有可能导致整个网络停止工作,这种网络的拓扑结构为____结构。
A. 星型　　B. 环型　　C. 总线型　　D. 树型

33. 在一座楼内的一个计算机网络系统,属于____。
A. Internet　B. 广域网　C. 城域网　D. 局域网
34. 星型拓扑结构的优点是____。
A. 结构简单　B. 隔离容易
C. 线路利用率高　D. 主节点负担轻
35. 网络的____称为拓扑结构。
A. 接入的计算机多少　B. 物理连接的构型
C. 物理介质种　D. 接入的计算机距离
36. 在普通 PC 机联入局域网时,需要在该机器内安装____。
A. 传真卡　B. 调制解调器　C. 网卡　D. 串行通信卡
37. 以下网络传输介质中传输速率最高的是____。
A. 双绞线　B. 同轴电缆　C. 光缆　D. 电话线
38. 下列属于局域网网络之间互联设备的是____。
A. 路由器　B. 声卡　C. 电话　D. 显卡
39. 下列关于使用拨号上网和 ADSL 宽带相比较的叙述,正确的是____。
A. 网速没有可比性　B. 两者网速相同
C. 拨号上网网速较快　D. ADSL 宽带网速较快
40. 通常说的百兆局域网的网络速度是____。
A. 100MB/s(B 代表字节)　B. 100B/s(B 代表字节)
C. 100Mb/s(b 代表位)　D. 100b/s(b 代表位)
41. 下列对局域网的描述错误的是____。
A. 局域网的计算机包括服务器和工作站
B. 局域网不能使用光纤　C. 一般校园网也属局域网
D. 局域网可以通过服务器和外围网络相联
42. 家庭计算机申请了账号并采用拨号方式接入 Internet 网后,该机____。
A. 拥有 Internet 服务商主机的 IP 地址　B. 拥有独立 IP 地址
C. 拥有固定的 IP 地址　D. 没有自己的 IP 地址
43. 网卡的功能不包括____。
A. 网络互联　B. 进行电平转换
C. 实现数据传递　D. 将计算机连接到通信介质上
44. 下列对光纤的描述中,错误的是____。
A. 光纤分单模和多模两种
B. 在几种传输介质中,光纤的传输速度最快
C. 在几种传输介质中,光纤的传输距离最远
D. 光纤易受干扰,保密性差
45. 通过电话线把计算机接入网络,则需购置____。
A. 路由器　B. 网卡　C. 调制解调器　D. 集线器

46. 在网络传输中，ADSL 采用的传导介质是____。
A. 同轴电缆　B. 电磁波　C. 电话线　D. 网络专用电缆
47. 计算机上配置的网卡，实质上是____。
A. 一张卡片　B. 一种接口　C. 一根导线　D. 一张光盘
48. 若某一上网用户要拨号上网，____不是必需的。
A. 上网账号　B. 电话线　C. 调制解调器　D. 路由器
49. 在互联网主干中所采用的传输介质主要是____。
A. 双绞线　B. 同轴电缆　C. 无线电　D. 光纤
50. 调制解调器的作用是____。
A. 控制并协调计算机和电话网的连接
B. 负责接通与电信局线路的连接
C. 将模拟信号转换成数字信号
D. 实现模拟信号与数字信号相互转换

习题二　填空题

1. 计算机网络是一门综合技术的合成，其主要技术是____________技术与____________技术。
2. 当前使用的 IP 地址是____________ bit。
3. 域名服务器上存放着 Internet 主机的____________和 IP 地址的对照表。
4. 在 Internet 上常见的一些文件类型中，____________文件类型一般代表 WWW 页面文件。
5. 子网掩码的作用是划分子网，子网掩码是____________位的。
6. 一个四段 IP 地址分为两部分，为____________地址和____________地址。
7. 网上邻居可以浏览到同一____________内和____________中的计算机。
8. 需要服务器提供共享资源，应向网络系统管理员申请账号，包括____________和____________。
9. URL 的基本形式是____________://____________。
10. 万维网上的文档称为____________。

习题一　选择题参考答案

1. C	2. D	3. C	4. A	5. C	6. C	7. D	8. A
9. A	10. D	11. C	12. D	13. B	14. D	15. C	16. B
17. B	18. C	19. B	20. B	21. B	22. B	23. A	24. C
25. B	26. C	27. B	28. D	29. A	30. C	31. D	32. B
33. D	34. C	35. B	36. C	37. C	38. A	39. D	40. C
41. B	42. B	43. B	44. D	45. C	46. C	47. B	48. D
49. D	50. D						

习题二　填空题参考答案

1. 通信,计算机
2. 32
3. 域名
4. HTML
5. 32
6. 网络,主机
7. 局域网,工作组
8. 用户名,密码
9. 协议名,地址
10. 网页

图书在版编目(CIP)数据

计算机基础实训指导与习题/原康主编. —合肥:合肥工业大学出版社,2018.8
ISBN 978-7-5650-4099-3

Ⅰ.①计… Ⅱ.①原… Ⅲ.①电子计算机—高等学校—教学参考资料 Ⅳ.①TP3

中国版本图书馆CIP数据核字(2018)第193034号

计算机基础实训指导与习题

主编 原 康　　　　责任编辑 王 磊

出 版	合肥工业大学出版社	版 次	2018年8月第1版
地 址	合肥市屯溪路193号	印 次	2018年8月第1次印刷
邮 编	230009	开 本	787毫米×1092毫米 1/16
电 话	艺术编辑部:0551-62903120	印 张	8.25
	市场营销部:0551-62903198	字 数	220千字
网 址	www.hfutpress.com.cn	印 刷	安徽昶颉包装印务有限责任公司
E-mail	hfutpress@163.com	发 行	全国新华书店

ISBN 978-7-5650-4099-3　　　　定价: 28.00元

如果有影响阅读的印装质量问题,请与出版社市场营销部联系调换